Allgemeine Grundlagen	A
Struktur der Materie	M
Zustandsformen der Materie	Z
Thermodynamik	T
Chemische Reaktionen und Gleichgewichte	C
Elektrochemie	E
Kinetik	K
Grenzflächengleichgewichte	G
Nomenklatur und Systematik	N
Register	R

Kleine Formelsammlung
CHEMIE

von Prof. Dr. rer. nat. Karl Schwister

4., aktualisierte Auflage

Fachbuchverlag Leipzig
im Carl Hanser Verlag

Prof. Dr. rer. nat. Karl Schwister
Fachhochschule Düsseldorf

Bibliografische Information der Deutschen Nationalbibliothek

Die Deutsche Nationalbibliothek verzeichnet diese Publikation in der Deutschen Nationalbibliografie; detaillierte bibliografische Daten sind im Internet über http://dnb.d-nb.de abrufbar.

ISBN 978-3-446-44213-9
E-Book-ISBN 978-3-446-44175-0

Dieses Werk ist urheberrechtlich geschützt.
Alle Rechte, auch die der Übersetzung, des Nachdrucks und der Vervielfältigung des Buches oder Teilen daraus, vorbehalten. Kein Teil des Werkes darf ohne schriftliche Genehmigung des Verlages in irgendeiner Form (Fotokopie, Mikrofilm oder ein anderes Verfahren), auch nicht für Zwecke der Unterrichtsgestaltung, reproduziert oder unter Verwendung elektronischer Systeme verarbeitet, vervielfältigt oder verbreitet werden.

Fachbuchverlag Leipzig im Carl Hanser Verlag
© 2014 Carl Hanser Verlag München
Kolbergerstraße 22 | 81679 München | info@hanser.de
www.hanser-fachbuch.de
Projektleitung: Dipl. Min. Ute Eckardt
Herstellung: Katrin Wulst
Druck und Binden: CPI books GmbH, Leck
Printed in Germany

Vorwort

Zur Verständigung unter Naturwissenschaftlern und Ingenieuren sind Formeln und Gleichungen ein Hilfsmittel, dessen Wichtigkeit kaum überschätzt werden kann. Ausgehend von den Anforderungen natur- und ingenieurwissenschaftlicher Studiengänge an Fachhochschulen und Universitäten sind die Grundzüge dieser Disziplin griffig in einer Formelsammlung Chemie zusammengefasst. Sie ist gleichermaßen geeignet für die Lösung physikalisch-chemischer Probleme in der Praxis.

Unter weitgehendem Verzicht auf erläuternden Text entstand eine in Kapitel gegliederte Zusammenstellung der wichtigsten Gleichungen aus verschiedenen Teilgebieten der Chemie, die weniger einem Lehrbuch herkömmlicher Konzeption entspricht, sondern vielmehr dessen „chemischen Extrakt" darstellt. Dem Benutzer soll die Formelsammlung zur Unterstützung beim Lösen von Übungsaufgaben, zur Auffrischung chemischer Kenntnisse und zur Prüfungsvorbereitung dienen.

Ich danke Frau Holzbrecher für die sorgfältige Erfassung und Herrn Dipl.-Ing. Leven für die abschließende Bearbeitung des Manuskriptes sowie den Herren Prof. Dipl.-Ing. Leßenich und Prof. Dr. Pfestorf für das gewissenhafte Korrekturlesen. Dem Verlag, vor allem Frau Ute Eckardt, sei für die gute Zusammenarbeit und für das große Engagement während der Entstehung des Buches herzlichst gedankt.

Karl Schwister

Inhaltsverzeichnis

A	**Allgemeine Grundlagen**	**9**
A.1	Größen und Einheiten	9
A.2	Physikalisch-chemische Konstanten	19
A.3	Umrechnungstabellen und -faktoren	20
M	**Struktur der Materie**	**22**
M.1	Bausteine der Atome	22
M.2	Welle-Teilchen-Dualismus	26
M.3	Aufbau von Einelektronensystemen	28
M.4	Aufbau von Mehrelektronensystemen	34
M.5	Kernreaktionen und Radioaktivität	38
Z	**Zustandsformen der Materie**	**46**
Z.1	Aggregatzustände und Phasendiagramme	46
Z.2	Gasgesetze	49
Z.3	Fester Zustand	55
T	**Thermodynamik**	**61**
T.1	Systeme und Zustandsgrößen	61
T.2	Erster Hauptsatz	64
T.3	Standard-Enthalpien	68
T.4	Entropie und zweiter Hauptsatz	70
T.5	Freie Energie und Freie Enthalpie	76
C	**Chemische Reaktionen und Gleichgewichte**	**83**
C.1	Mehrstoffsysteme und Lösungen	83
C.2	Stöchiometrische Berechnungen	88

C.3	Massenwirkungsgesetz und Gleichgewichtslage	90
C.4	Säure-Base-Gleichgewichte	94
C.5	Lösungsgleichgewichte	103
C.6	Kolligative Eigenschaften	106

E Elektrochemie ... 109

E.1	Elektrolytische Leitfähigkeit	109
E.2	Elektrodenprozesse	114
E.3	Galvanische Zellen	118
E.4	Elektrochemische Prozesse	120

K Kinetik ... 126

K.1	Geschwindigkeit chemischer Reaktionen	126
K.2	Integrierte Geschwindigkeitsgesetze	128
K.3	Bestimmung der Reaktionsordnung	131
K.4	Stoßtheorie und aktivierter Komplex	134

G Grenzflächengleichgewichte ... 137

G.1	Oberflächenspannung	137
G.2	Adsorption	140
G.3	Viskosität	144
G.4	Diffusion	148

N Nomenklatur und Systematik ... 151

N.1	Nomenklatur anorganischer Verbindungen	151
N.2	Systematik organischer Verbindungen	156
N.3	Substitutive Nomenklatur	165
N.4	Verzeichnis der Elemente	167

R Register ... 171

Periodensystem der Elemente

Hauptgruppen (HG)

HG	IA 1	IIA 2	IIIA 13	IVA 14	VA 15	VIA 16	VIIA 17	VIIIA 18
1. Periode	1 H 1.008							2 He 4.003
2. Periode	3 Li 6.941	4 Be 9.012	5 B 10.81	6 C 12.01	7 N 14.01	8 O 15.99	9 F 18.99	10 Ne 20.18
3. Periode	11 Na 22.99	12 Mg 24.31	13 Al 26.98	14 Si 28.09	15 P 30.97	16 S 32.06	17 Cl 35.45	18 Ar 39.95

Nebengruppen

	IIIB 3	IVB 4	VB 5	VIB 6	VIIB 7	VIIIB 8	VIIIB 9	VIIIB 10	IB 11	IIB 12
4. Periode	21 Sc 44.96	22 Ti 47.90	23 V 50.94	24 Cr 52.00	25 Mn 54.94	26 Fe 55.85	27 Co 58.93	28 Ni 58.70	29 Cu 63.55	30 Zn 65.38
5. Periode	39 Y 88.91	40 Zr 91.22	41 Nb 92.91	42 Mo 95.94	43 Tc (97)	44 Ru 101.1	45 Rh 102.9	46 Pd 106.4	47 Ag 107.9	48 Cd 112.4
6. Periode	57 La 138.9	72 Hf 178.5	73 Ta 181	74 W 183.9	75 Re 186.2	76 Os 190.2	77 Ir 192.2	78 Pt 195.1	79 Au 197	80 Hg 200.6
7. Periode	89 Ac 227.0	104 Rf (261)	105 Db (262)	106 Sg (263)	107 Bh (264)	108 Hs (265)	109 Mt (266)	110 Ds (269)	111 Rg (272)	112 Cn (277)

Hauptgruppen (Fortsetzung)

	IIIA 13	IVA 14	VA 15	VIA 16	VIIA 17	VIIIA 18
4. Periode	31 Ga 69.72	32 Ge 72.59	33 As 74.92	34 Se 78.96	35 Br 79.90	36 Kr 83.80
5. Periode	49 In 114.8	50 Sn 118.7	51 Sb 121.8	52 Te 127.6	53 I 126.9	54 Xe 131.3
6. Periode	81 Tl 204.4	82 Pb 207.2	83 Bi 209	84 Po (209)	85 At (210)	86 Rn (222)
7. Periode	113	114 Fl (289)	115	116 Lv (289)	117	118

s-Block (1. Periode Anfang)
- 1 H 1.008
- IA: 19 K 39.10, 37 Rb 85.47, 55 Cs 132.9, 87 Fr (223)
- IIA: 20 Ca 40.08, 38 Sr 87.62, 56 Ba 137.3, 88 Ra 226.0

Legende
- Protonenzahl (Ordnungszahl)
- 4 **Be** 9,012 — Symbol
- Relative Atommasse

Lanthanoide (f-Block)

| 58 Ce 140.1 | 59 Pr 140.9 | 60 Nd 144.2 | 61 Pm (145) | 62 Sm 150.4 | 63 Eu 152 | 64 Gd 157.3 | 65 Tb 158.9 | 66 Dy 162.5 | 67 Ho 164.9 | 68 Er 167.3 | 69 Tm 168.9 | 70 Yb 173.0 | 71 Lu 175 |

Actinoide (f-Block)

| 90 Th 232.0 | 91 Pa 231.0 | 92 U 238.0 | 93 Np 237.1 | 94 Pu (244) | 95 Am (243) | 96 Cm (247) | 97 Bk (247) | 98 Cf (251) | 99 Es (254) | 100 Fm (257) | 101 Md (258) | 102 No (259) | 103 Lr (260) |

Blöcke: s-Block, d-Block, p-Block, f-Block

A Allgemeine Grundlagen

A.1 Größen und Einheiten

Jede quantitative naturwissenschaftliche **Größe** A wird als mathematisches Produkt aus einem **Zahlenwert** $\{A\}$ und aus einer **Einheit** $[A]$ aufgefasst, z. B. $m = 0{,}1 \cdot \text{kg}$.

$$A = \{A\} \cdot [A]$$

A Größe (z. B. m)
$\{A\}$ Zahlenwert (z. B. 0,1)
$[A]$ Einheit (z. B. kg)

Der entscheidende Vorteil einer Größengleichung besteht darin, dass sie unabhängig von den gewählten Einheiten gültig ist.

Von quantitativen Größen (Zahlenwert und Einheit) sind die **Zahlen** zu unterscheiden. Sie haben keine Einheit und sind nur durch einen Zahlenwert charakterisiert. In der Chemie ist die Molekülzahl N ein typisches Beispiel.

Die Angabe einer Größe als Produkt aus Zahlenwert und Einheit kann zweckmäßigerweise in Tabellen oder bei der Beschriftung von Achsen einer grafischen Darstellung verwendet werden. Sie ist dann umzuformen und als reiner Zahlenwert anzugeben.

Mathematische und andere Zeichen

Zeichen	Bedeutung	Zeichen	Bedeutung
... n	und so weiter bis n	0,2**6**	letzte Ziffer genau
...	und so weiter	%	Prozent (10^{-2})
=	gleich	‰	Promille (10^{-3})
$\equiv$	identisch gleich	ppm	parts per million (10^{-6})
$\neq$	ungleich, nicht gleich	$\sqrt{\ }$	Quadratwurzel aus
<	kleiner als	$\sqrt[n]{\ }$	n-te Wurzel aus
>	größer als	Σ	Summe
$\leq$	kleiner oder gleich		
$\geq$	größer oder gleich	$\sum\limits_{k=1}^{n}$	veränderliche Summe mit unterer und
$\hat{=}$	entspricht		oberer Grenze
$\sim$	proportional		
$\approx$	angenähert gleich	Π	Produkt
∞	etwa unendlich	log	allgemeiner
$-$	minus		Logarithmus
$+$	plus	lg	dekadischer
$\cdot$ * x	mal		Logarithmus
: / $-$	geteilt durch	ln	natürlicher
Δ	Delta (Differenz)		Logarithmus

Vorsätze für dezimale Vielfache und Teile von Einheiten

Zehnerpotenz	Vorsatz	Symbol	Zehnerpotenz	Vorsatz	Symbol
10^1	Deka	da	10^{-1}	Dezi	d
10^2	Hekto	h	10^{-2}	Zenti	c
10^3	Kilo	k	10^{-3}	Milli	m
10^6	Mega	M	10^{-6}	Mikro	µ
10^9	Giga	G	10^{-9}	Nano	n
10^{12}	Tera	T	10^{-12}	Piko	p
10^{15}	Peta	P	10^{-15}	Femto	f
10^{18}	Exa	E	10^{-18}	Atto	a

Die Vorsätze werden unmittelbar an das Einheitenzeichen geschrieben: z. B. mm, kmol, µs usw. Eine Kombination von Vorsatz- und Einheitenzeichen gilt als neues Symbol.

Griechisches Alphabet

Schriftzeichen		Name	Schriftzeichen		Name
groß	klein		groß	klein	
A	α	alpha	N	ν	ny
B	β	beta	Ξ	ξ	xi
Γ	γ	gamma	O	o	omicron
Δ	δ	delta	Π	π	pi
E	ε	epsilon	P	ρ	rho
Z	ζ	zeta	Σ	σ^*, ζ^{**}	sigma
H	η	eta	T	τ	tau
Θ	ϑ	theta	Y	υ	ypsilon
I	ι	jota	Φ	φ	phi
K	κ	kappa	X	χ	chi
Λ	λ	lambda	Ψ	ψ	psi
M	μ	my	Ω	ω	omega

* Am Anfang und in der Mitte eines Wortes.
** Am Ende eines Wortes.

Formelzeichen und Abkürzungen

Zeichen	Einheit	Bezeichnung
a	kPa m^6 mol^{-2}	VAN-DER-WAALS-Konstante
a	-	Aktivität
aq	-	Wasser
A	Bq	Aktivität
A	-	Anion, Anionenbase
A	-	Nukleonenzahl
A	m^2	Fläche
A_r	-	relative Atommasse
A, B ...	-	Edukte
b	mol kg^{-1}	Molalität
b	dm^3 mol^{-1}	VAN-DER-WAALS-Konstante
$b^\ominus$	mol kg^{-1}	Standardmolalität ($b^\ominus$ = 1 mol kg^{-1})
B	m^3 mol^{-1}	Zweiter Virialkoeffizient
c	mol l^{-1}	Stoffmengenkonzentration
c(eq)	mol l^{-1}	Äquivalentkonzentration

12   Allgemeine Grundlagen

Zeichen	Einheit	Bezeichnung
$c^\ominus$	mol l^{-1}	Standard-Stoffmengenkonzentration ($c^\ominus$ = 1 mol l^{-1})
c	J kg^{-1} K^{-1}	spezifische Wärmekapazität
C	J K^{-1}	Wärmekapazität
C	m^3 (mol bar)$^{-1}$	Dritter Virialkoeffizient
d	m	Durchmesser
D	J kg^{-1}	Energiedosis
D	cm^2 s^{-1}	Diffusionskoeffizient
e	–	Elektron
e	C	Elementarladung
eq	–	Äquivalent
E	–	elektrochemisches Potenzial
E	–	Edukt, Reaktant, Element
E	V cm^{-1}	elektrische Feldstärke
E	J	Energie
E_S	K kg mol^{-1}	ebullioskopische Konstante
E_G	K kg mol^{-1}	kryoskopische Konstante
E_{kin}	J	kinetische Energie
E_{pot}	J	potenzielle Energie
EA	J	Elektronenaffinität
f	–	Aktivitätskoeffizient
f	s^{-1}	Frequenz
f_Λ	–	Leitfähigkeitskoeffizient
F	J	Freie Energie
F	–	Freiheitsgrade (Anzahl)
F	N	Kraft
g	–	gasförmig (gaseous)
G	S	Leitwert
G	J	Freie Enthalpie
h	m	Weg, Höhe
H	Sv	Äquivalentdosis
Hal	–	Halogen
H	J	Enthalpie
i	–	Stoff, Komponente
I	A	elektrische Stromstärke
I	J	Ionisierungsenergie

Zeichen	Einheit	Bezeichnung
J	$C\ kg^{-1}$	Ionendosis
K	-	allgemeine Gleichgewichtskonstante
K_c	$(mol\ l^{-1})^{\Sigma v(i)}$	Gleichgewichtskonstante mit Konzentrationen
K_H	$mol\ m^{-3}\ bar^{-1}$	HENRY-Konstante
K_K	$J\ K^{-1}$	Kalorimeterkonstante
K_p	$(bar)^{\Sigma v(i)}$	Gleichgewichtskonstante mit Partialdrücken
K_S	$(mol\ l^{-1})^{\Sigma v(i)}$	Säurekonstante
K_B	$(mol\ l^{-1})^{\Sigma v(i)}$	Basenkonstante
K	-	Kation, Kationensäure
K	-	NERNSTscher Verteilungskoeffizient
K_W	$mol^2\ l^{-2}$	Ionenprodukt des Wassers
K_L	$(mol\ l^{-1})^{\Sigma v(i)}$	Löslichkeitsprodukt
k	$mol^{-x}\ l^{-x}\ s^{-1}$	Geschwindigkeitskonstante
I	-	Ionenstärke
l	m	Länge
l	-	Nebenquantenzahl
l	-	flüssig (liquid)
L, M ...	-	Produkte
Lsg	-	Lösung
Lsgm	-	Lösungsmittel
m	kg	Masse
m_l	-	Magnetquantenzahl
m_s	-	Spinquantenzahl
M	$g\ mol^{-1}$	molare Masse
M	-	MADELUNG-Konstante
M	-	Metall
M_r	-	relative Molekülmasse
n	mol	Stoffmenge
n	-	Neutron
n	-	Hauptquantenzahl
N	-	Teilchenzahl, Neutronenzahl
OZ	-	Oxidationszahl
p	$kg\ m\ s^{-1}$	Impuls
p	Pa	Druck
$p^{\ominus}$	Pa	Standarddruck ($p^{\ominus}$ = 100 kPa)

Zeichen	Einheit	Bezeichnung
P	-	Phase, Produkt, Phase
P	W	Leistung
Q	C	elektrische Ladung
Q	J	Wärmemenge
r	m	Radius
R	Ω	elektrischer Widerstand
s	-	fest (solid)
S	J K^{-1}	Entropie
$t_{+,-}$	-	Überführungszahlen der Kat- und Anionen
t	°C	Temperatur
t	s	Zeit
$t^{\ominus}$	°C	Standardtemperatur ($t^{\ominus}$ = 25 °C)
T	K	absolute Temperatur
$T^{\ominus}$	K	Standardtemperatur ($T^{\ominus}$ = 298,15 K)
$T_{1/2}$	s	Halbwertzeit
u	cm^2 s^{-1} V^{-1}	Ionenbeweglichkeit
U	J	Innere Energie
U	V	Spannung, Zellspannung
v	m s^{-1}	Geschwindigkeit eines Teilchens
v	mol l^{-1} s^{-1}	Reaktionsgeschwindigkeit
V	m^3	Volumen
w	-	Massenanteil
W	J	Arbeit
W_a	J	Austrittsarbeit des Elektrons
x	-	Stoffmengenanteil, Ortskoordinate
X	-	Atom, Teilchen oder Molekül
y	-	Ortskoordinate
Y	-	Zustandsfunktion
z	-	Ortskoordinate
z		Anzahl, Zahl, Ladungszahl, Äquivalentzahl
Z	-	Kernladungszahl (Ordnungszahl)
α	-	Dissoziationsgrad
β	g l^{-1}	Massenkonzentration
η	V	Überspannung
κ	Ω^{-1} m^{-1}	elektrische Leitfähigkeit
$\lambda_{+,-}$	Ω^{-1} cm^2 mol^{-1}	Leitfähigkeitsanteile von Kat- und Anionen

Zeichen	Einheit	Bezeichnung
λ	m^{-1}	Wellenlänge
σ	Ω^{-1}	elektrischer Leitwert
Λ	$\Omega^{-1} cm^2 mol^{-1}$	Leitfähigkeit
Λ^0	$\Omega^{-1} cm^2 mol^{-1}$	Grenzleitfähigkeit
μ	J	chemisches Potenzial
ρ	$kg\ m^{-3}$	Dichte
ρ	$\Omega\ m$	spezifischer Widerstand
σ	Ω^{-1}	elektrischer Leitwert
ν	-	stöchiometrischer Koeffizient
χ	-	Volumenanteil
Ψ	V	Potenzial

Indizes und Exponenten

Zeichen	Bezeichnung	Zeichen	Bezeichnung
a	außen	m	molare Größe
ad	adiabates System	M	Membran
A	Anfangszustand	M	Molekül
A	Anion, Anode	n	bei konstanter Stoffmenge
A	Atom		
A	Elektronenaufnahme	n	Neutron
A, B ...	Edukte	n	Normzustand
Asy	asymmetrisch	N	Nukleon
B	Bildung, Bindung	Ox	Oxidationsmittel
D	Diffusion	Θ	Standardzustand
D	Dissoziation	p	bei konstantem Druck
D	Dosis	P	Phasenumwandlung, Phase
e	Elektron		
eq	äquivalente Größe	P	Proton, Produkte
eff	effektiv	PG	Phasengrenze
E	Endzustand	rev	reversibel
F	Schmelz	R	Reaktion
ges	gesamt	Red	Reduktionsmittel
G	Gitter	Rück	Rückreaktion
Hin	Hinreaktion	S	Sublimation
i	Stoff, Komponente	Sys	System

Zeichen	Bezeichnung	Zeichen	Bezeichnung
i	innen	T	Tripelpunkt
irrev	irreversibel	T	bei konst. Temperatur
I	Ionisierung	Umg	Umgebung
k	kritisch	V	Verdampfung
K	Kation, Kathode	V	bei konst. Volumen
K	Kern	X	Atom, Teilchen oder Molekül
L, M ...	Produkte		
Lsg	Lösung	Z	Zerfall, Zersetzung
Lsgm	Lösungsmittel	0	Ausgangszustand

Basisgrößen und Basiseinheiten

Dem **Internationalen Einheitensystem (SI)** liegen sieben Basiseinheiten zugrunde:

Basisgröße		Basiseinheit	
Name	Zeichen	Name	Zeichen
Länge	l	Meter	m
Masse	m	Kilogramm	kg
Zeit	t	Sekunde	s
Temperatur	T	Kelvin	K
Stromstärke	I	Ampere	A
Lichtstärke	I_V	Candela	cd
Stoffmenge	n	Mol	mol

Definition der SI-Basiseinheiten

Seit 1983 basiert die Definition von einem Meter auf der Festlegung des Wertes für die Lichtgeschwindigkeit auf exakt 299 792 458 m s^{-1}. Ein **Meter** ist die Länge der Strecke, die Licht im Vakuum während der Dauer von 1/299 792 458 Sekunden durchläuft.

Die Masse des im Internationalen Büro für Maß und Gewicht bei Paris aufbewahrten Platin-Iridium-Zylinders (Kilogrammprototyp) ist definiert als ein **Kilogramm**.

Unter einer **Sekunde** versteht man seit 1967 die Dauer von 9 192 631 770 Perioden der entsprechenden Strahlung von Atomen des Caesiumisotops ^{133}Cs (Atomsekunde).

Ein **Kelvin** ist der 273,16te Teil der Differenz zwischen der Temperatur des absoluten Nullpunktes und der absoluten Temperatur des Tripelpunktes von reinem Wasser.

Als ein **Ampere** wird die Stärke eines konstanten elektrischen Stromes bezeichnet, der beim Fluss durch zwei im Vakuum parallel im Abstand von 1 m angeordnete Leiter fließt und zwischen ihnen eine Kraft von $2 \cdot 10^{-7}$ N hervorruft.

Eine **Candela** ist die Lichtstärke in einer bestimmten Richtung einer Strahlungsquelle, die monochromatisches Licht der Frequenz 540 THz (550 nm) aussendet und deren Strahlstärke in dieser Richtung 1/683 W/sr* beträgt.

Unter einem **Mol** eines Stoffes wird die Stoffmenge eines Systems verstanden, die aus ebensovielen Teilchen (Atome, Moleküle, Ionen, Elektronen usw.) besteht, wie C-Atome in 12 g des Kohlenstoffisotops ^{12}C enthalten sind.

Abgeleitete Größen und Einheiten
Aus den sieben Basiseinheiten können alle anderen Einheiten gebildet werden. Sie werden **abgeleitete Einheiten** genannt und stehen mit den **Basisgrößen** durch naturwissenschaftliche Gesetze (Gleichungen) in eindeutigem Zusammenhang. Einheiten abgeleiteter Größen können aus den Basiseinheiten mit Hilfe der entsprechenden gesetzmäßigen Zusammenhänge gebildet werden.

---

* sr = Einheitenzeichen für Steradiant (Raumwinkel)

Die **Dimension** einer abgeleiteten Größe war ursprünglich eine definierte Messvorschrift. Sie wird als Produkt von Potenzen der Basisgrößen dargestellt.

Abgeleitete Größe (Zeichen)	Abgeleitete Einheit	Name der abgeleiteten Einheit (Zeichen)	Dimension
Kraft (F)	kg m s^{-2}	Newton (N)	$[m][l][t]^{-2}$
Druck (p)	kg m^{-1} s^{-2}	Pascal (Pa)	$[m][l]^{-1}[t]^{-2}$
Energie (E)	kg m^2 s^{-2}	Joule (J)	$[m][l]^{2}[t]^{-2}$
Leistung (P)	kg m^2 s^{-3}	Watt (W)	$[m][l]^{2}[t]^{-3}$
Elektrizitätsmenge (Q)	A s	Coulomb (C)	$[I][t]$
Frequenz (f)	s^{-1}	Hertz (Hz)	$[t]^{-1}$

Viele der häufig verwendeten Einheiten sind keine SI-Einheiten. Sie sind jedoch exakte Vielfache von SI-Einheiten, wie z. B. die Einheit Liter (1 l = 10^{-3} m^3) oder Atmosphäre (1 atm = 101 325 Pa). Nachfolgend sind einige Umrechnungsfaktoren für übliche Einheiten zusammengestellt.

Physikalische Größe (Formelzeichen)	Name der Einheit (Einheitenzeichen)	Umrechnungsfaktor
Zeit (t)	Minute (min)	60 s (1 min = 60 s)
	Stunde (h)	3 600 s
	Tag (d)	86 400 s
	Jahr (a)	31 536 000 s
Länge (l)	Ångström (Å)	10^{-10} m
Volumen (V)	Liter (l)	10^{-3} m^3
Druck (p)	Bar (bar)	10^5 Pa
Energie (E)	Elektronvolt (eV)	$\approx 1{,}602 \cdot 10^{-19}$ J

A.2 Physikalisch-chemische Konstanten

Größe	Symbol	Zahlenwert	Einheit
Atommassenkonstante	m_u	$1{,}660\,540\,2(1) \cdot 10^{-27}$	kg
AVOGADRO-Konstante	N_A	$6{,}022\,136\,7(\mathbf{4}) \cdot 10^{23}$	mol^{-1}
BOLTZMANN-Konstante	k	$1{,}380\,658(12) \cdot 10^{-23}$	J K^{-1}
BOHR-Radius	α_0	$0{,}529\,177\,25 \cdot 10^{-12}$	m
Elementarladung eines Elektrons	e	$1{,}602\,177\,33 \cdot 10^{-19}$	C
Energieäquivalent der Ruhemasse ($m = 1$ g)	E	$8{,}987\,555 \cdot 10^{13}$	J
FARADAY-Konstante	F	$9{,}648\,530\,9(\mathbf{3}) \cdot 10^{4}$	C mol^{-1}
Feldkonstante, elektrische	ε_0	$8{,}854\,187\,8\mathbf{2}$	F m^{-1}
Gaskonstante, allgemeine	R	$8{,}314\,510(70)$	$\text{J mol}^{-1}\,\text{K}^{-1}$
Lichtgeschwindigkeit im Vakuum	c	$2{,}997\,924\,58 \cdot 10^{8}$	m s^{-1}
Massenverhältnis Proton/Elektron	m_p/m_e	$1{.}836\,152\,70 \cdot 10^{3}$	
Standarddruck	$p^{\ominus}$	$1{,}000 \cdot 10^{5}$	Pa
Standardtemperatur	$T^{\ominus}$	$298{,}15$	K
Molvolumen	V_m	$2{,}241\,410\,(19) \cdot 10^{-2}$	$\text{m}^{3}\,\text{mol}^{-1}$
PLANCK-Konstante	h	$6{,}626\,075\,5(4) \cdot 10^{-34}$	J s
Ruhemasse des Elektrons	m_e	$9{,}109\,389\,7(5) \cdot 10^{-31}$	kg
Ruhemasse des Neutrons	m_n	$1{,}674\,928\,6(1) \cdot 10^{-27}$	kg
Ruhemasse des Protons	m_p	$1{,}672\,623\,1(1) \cdot 10^{-27}$	kg
RYDBERG-Konstante	R_∞	$1{,}097\,373\,15 \cdot 10^{7}$	m^{-1}
STEFAN-BOLTZMANN-Konstante	σ	$5{,}670\,51(1\,9) \cdot 10^{-8}$	$\text{W m}^{-2}\,\text{K}^{-4}$
spez. Ladung des Elektrons	e_{spez}	$-1{,}758\,819\,62 \cdot 10^{11}$	C kg^{-1}

A.3 Umrechnungstabellen und -faktoren

Druck

	Pa (N m^{-2})	bar	Torr* (mm Hg)	psi (lb in^{-2})
1 Pa	1	10^{-5}	$7{,}53 \cdot 10^{-3}$	$1{,}45 \cdot 10^{-4}$
1 bar	10^5	1	725,8	14,50
1 Torr	133,32	$1{,}33\,2 \cdot 10^{-3}$	1	$1{,}93 \cdot 10^{-2}$
1 psi	6 895	$6{,}895 \cdot 10^{-2}$	51,71	1

* Angaben bei 20 °C

Temperaturskalen

Bezeichnung	Symbol	Nullpunkt
Grad Celcius	°C	Schmelzpunkt von Wasser
Kelvin	K	absoluter Nullpunkt
Grad Fahrenheit	°F	minus 17,8 °C
Grad Rankine	°R	absoluter Nullpunkt

Temperaturumrechnungsformeln

	gesuchte Temperatur in			
	°C	K	°F	°R
a °C	-	$c + 273$	$1{,}8\,a + 32$	$1{,}8\,a + 491$
b K	$b - 273$	-	$1{,}8\,b - 459$	$1{,}8\,b$
c °F	$0{,}556\,c - 17{,}8$	$0{,}556\,c + 255$	-	$c + 459$
d °R	$0{,}556\,d - 273$	$0{,}556\,d$	$d - 459$	-

Energie, Wärme und Arbeit

	J	kWh	MeV	kpm	kcal
1 J	1	$2{,}777 \cdot 10^{7}$	$6{,}242 \cdot 10^{12}$	$1{,}020 \cdot 10^{-1}$	$2{,}389 \cdot 10^{-4}$
1 kWh	$3{,}600 \cdot 10^{6}$	1	$2{,}247 \cdot 10^{19}$	$3{,}671 \cdot 10^{5}$	$8{,}601 \cdot 10^{2}$
1 MeV	$1{,}602 \cdot 10^{-13}$	$4{,}450 \cdot 10^{-20}$	1	$1{,}634 \cdot 10^{-14}$	$3{,}827 \cdot 10^{-17}$
1 kpm	9,806	$2{,}724 \cdot 10^{-6}$	$6{,}124 \cdot 10^{13}$	1	$2{,}343 \cdot 10^{-3}$
1 kcal	$4{,}185 \cdot 10^{3}$	$1{,}163 \cdot 10^{-3}$	$2{,}613 \cdot 10^{16}$	$4{,}268 \cdot 10^{2}$	1

Umrechnungsfaktoren für angelsächsische Größen

Länge

mil:	1 mil = 25,40 µm	1 mm = 39,37 mil
inch:	1 in = 25,40 mm	1 dm = 3,937 in
foot:	1 ft = 0,304 8 m	1 m = 3,280 6 ft
yard:	1 yd = 0,914 4 m	1 m = 1,093 6 yd
mile:	1 mile = 1 609,3 m	1 km = 0,621 4 mile

Volumen

US-gallon:	1 gal = 3,785 4 dm^3	1 dm^3 = 0,264 2 gal
imp. gallon:	1 gal = 4,546 1 dm^3	1 dm^3 = 0,219 9 gal
pint:	1 pt = 0,550 6 dm^3	1 dm^3 = 1,816 dry pt
	1 liq pt = 0,473 2 dm^3	1 dm^3 = 2,113 liq pt
barrel (Erdöl):	1 bbl = 0,158 9 m^3	1 m^3 = 6,293 bbl

Masse

grain:	1 gr = 64,799 mg	1 g = 15,432 gr
dram:	1 dr = 1,771 8 g	1 g = 0,564 4 dr
ounce:	1 oz = 28,350 0 g	1 kg = 35,273 4 oz
pound:	1 lb = 0,453 59 kg	1 kg = 2,204 6 lb
long ton:	1 ltn = 1016,1 kg	1 kg = $0{,}984 \cdot 10^{-3}$ ltn
short ton:	1 shtn = 907,2 kg	1 kg = $1{,}102 \cdot 10^{-3}$ shtn

M Struktur der Materie

M.1 Bausteine der Atome

Subatomare Teilchen

Teilchen	Symbol	Masse	Ladung**	Spin
Elektron	e	$9{,}1094 \cdot 10^{-31}$ kg $5{,}4859 \cdot 10^{-4}$ u*	−1	1/2
Proton	p	$1{,}6726 \cdot 10^{-27}$ kg $1{,}0073$ u*	+1	1/2
Neutron	n	$1{,}6749 \cdot 10^{-27}$ kg $1{,}0087$ u*	0	1/2
Photon	γ	0	0	1
α-Teilchen	α	[$^{4}_{2}$He^{2+}-Kern]	+2	0
β-Teilchen	β	[e⁻ aus dem Kern]	−1	1/2
γ-Teilchen	γ	[elektromagnetische Kernstrahlung]	0	1

* Relative Teilchenmasse, bezogen auf die Atommassenkonstante $m_u = 1{,}6605 \cdot 10^{-27}$ kg
** Vielfaches der Elementarladung: $e = 1{,}6022 \cdot 10^{-19}$ C

Nukleonenzahl

$$A = Z + N$$

A   Nukleonenzahl (früher Massenzahl)
Z   Kernladungszahl (Protonenzahl)
N   Neutronenzahl

Kennzeichnung von Nukliden (Atomarten)

$$_Z^A X$$

- X   Bezeichnung für ein Atom
- A   Nukleonenzahl
- Z   Kernladungszahl

Radien einiger Elementarteilchen

Der Radius eines einzelnen freien Elektrons lässt sich nur unter willkürlichen Annahmen berechnen. Danach ergibt sich der klassische Elektronenradius r_e zu:

$$r_e \approx 2{,}818 \cdot 10^{-15} \text{ m}$$

Der Radius einzelner Atome liegt zwischen 50 und 250 pm.

$$r_A \approx 10^{-10} \text{ m}$$

Der Kernradius r_K eines Atoms kann nach folgender Gleichung näherungsweise berechnet werden:

$$r_K = r_A \cdot \sqrt[3]{A}$$

- A   Nukleonenzahl
- r_A Nukleonenradius ($= 1{,}2 \cdot 10^{-15}$ m)

Absolute Atommasse

$$m_X = m_K + z \cdot m_e$$

- m_X Ruhemasse des Atoms

Struktur der Materie

m_K Ruhemasse des Kerns
m_e Ruhemasse eines Elektrons
z Anzahl der Elektronen (= Kernladungszahl Z)

Atommassenkonstante

$$m_u = \frac{1}{12} m_X \left(^{12}_{6}C\right)$$

m_X Ruhemasse eines Atoms des $^{12}_{6}C$-Nuklids
          (= $1{,}992\ 636 \cdot 10^{-26}$ kg)

Relative Atommasse

$$A_r = \frac{m_X}{m_u}$$

A_r relative Atommasse
m_X Ruhemasse (Masse des Atoms bzw. Elements)
m_u Atommassenkonstante

Begriffe der Atomphysik

Unter einem **Nuklid** versteht man eine Atomart, die durch Kernladungszahl Z und Nukleonenzahl A definiert ist.

Reinelemente bestehen aus einer einzigen Nuklidgattung und somit aus Atomkernen gleicher Masse.

Mischelemente bestehen aus verschiedenen Nukliden mit gleicher Kernladungszahl. Der Atomaufbau besteht aus Kernen unterschiedlicher Masse.

Bezeichnung	Protonen-zahl Z	Neutronen-zahl N	Nukleonen-zahl A
Isotope	gleich	verschieden	verschieden
Isomere	gleich	gleich	gleich
Isobare	verschieden	verschieden	gleich
Isotone	verschieden	gleich	verschieden

ASTON-Regel: Elemente mit ungerader Kernladungszahl haben höchstens zwei Isotope.

MATTAUCH-Regel: Es existiert kein Paar stabiler Isobaren, deren Kernladungszahlen nur um eine Einheit voneinander verschieden sind.

Massendefekt

Die Differenz zwischen der tatsächlichen Masse eines Atomkerns und der Summe der Massen seiner Bausteine wird Massendefekt Δm genannt.

$$\Delta m = Z \cdot m_P + N \cdot m_n - m_K > 0$$

m_K Ruhemasse des Kerns
m_n Ruhemasse eines Neutrons
m_P Ruhemasse eines Protons
N Neutronenzahl
Z Kernladungszahl (Protonenzahl)

Bindungsenergie

Bei der Kombination von Protonen und Neutronen zu einem Atomkern wird das System in einen energieärmeren, stabileren Zustand überführt und Bindungsenergie E_B freigesetzt.

Der gleiche Energiebetrag muss aber auch dem Kern zugeführt werden, um ihn in die Nukleonen zu zerlegen.

$$E_B = -\Delta m \cdot c^2$$

Δm Massendefekt
c Lichtgeschwindigkeit im Vakuum

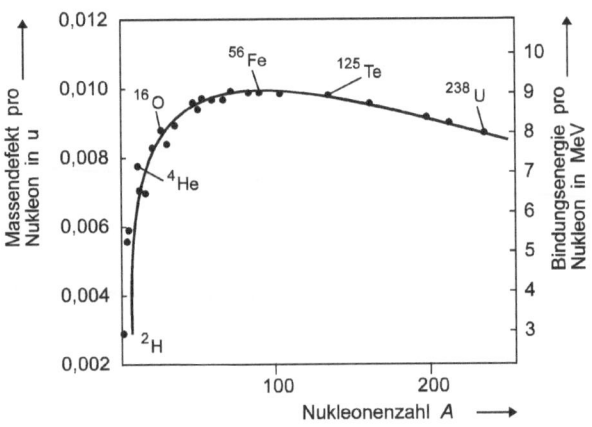

M.2 Welle-Teilchen-Dualismus

PLANCK-Beziehung

$$E = h \cdot f = h \cdot c \frac{1}{\lambda}$$

E Energie eines Photons (Lichtquant, Teilchen mit der Ruhemasse $m_0 = 0$)

f	Frequenz des Lichtes
h	PLANCK-Konstante
c	Lichtgeschwindigkeit im Vakuum
λ	Wellenlänge

Die PLANCKsche-Beziehung verknüpft die Energie eines Photons (**Teilchencharakter**) mit seiner Frequenz (**Wellencharakter**). Eine elektromagnetische Strahlung kann immer nur als kleines Energiepaket (Photon) absorbiert oder ermittelt werden.

DE-BROGLIE-Beziehung

$$\lambda = \frac{h}{p} = \frac{h}{m_e \cdot v}$$

λ	Wellenlänge
h	PLANCK-Konstante
p	Impuls
m_e	Ruhemasse des Elektrons
v	Elektronengeschwindigkeit

Elektronen können je nach experimentellen Bedingungen sowohl Wellen- als auch Partikeleigenschaften haben. Die DE-BROGLIE-Beziehung gilt auch für Teilchen mit endlicher Ruhemasse ($m_0 > 0$).

Lichtelektrische Gleichung von EINSTEIN

$$h \cdot f = \frac{1}{2} m_e \cdot v_e^2 + W_a$$

h	PLANCK-Konstante

28 Struktur der Materie

f Frequenz des Lichtes
m_e Ruhemasse des Elektrons
v_e Elektronengeschwindigkeit
W_a Austrittsarbeit des Elektrons

Durch das eintretende Lichtquant $h \cdot f$ wird ein Elektron aus dem Atomverband freigesetzt. Es hat anschließend die kinetische Energie $1/2\, m_e \cdot v_e^2$. Voraussetzung: $h \cdot f > W_a$

Unbestimmtheitsrelation von HEISENBERG

Die Unbestimmtheitsrelation besagt, dass es nicht möglich ist, Impuls und Aufenthaltsort eines Mikroteilchens gleichzeitig zu bestimmen.

$$\Delta x \cdot \Delta p_x = h$$

Δx Unbestimmtheit des Ortes
Δp_x Unbestimmtheit des Impulses eines Mikroteilchens
h PLANCK-Konstante

M.3 Aufbau von Einelektronensystemen

BOHRsche Quantenbedingung (1. BOHRsches Postulat)

$$m_e \cdot v_e \cdot r = n \frac{h}{2\pi}$$

m_e Ruhemasse des Elektrons
v_e Elektronengeschwindigkeit

r	Kreisradius, auf dem sich das Elektron bewegt
n	Hauptquantenzahl (n = 1, 2, 3 ...)
h	PLANCK-Konstante

Die Quantenbedingung nach BOHR hat zur Folge, dass für das Elektron im Wasserstoff nur bestimmte Bahnen erlaubt sind.

BOHRscher-Elektronenbahnradius

$$r_n = n^2 \cdot \frac{\varepsilon_0 \cdot h^2}{\pi \cdot m_e \cdot e^2 \cdot Z} = n^2 \cdot 0{,}53 \cdot 10^{-10}\ \text{m}$$

ε_0	elektrische Feldkonstante
h	PLANCK-Konstante
m_e	Ruhemasse des Elektrons
e	Elementarladung eines Elektrons
Z	Kernladungszahl
n	Hauptquantenzahl (n = 1, 2, 3, 4 ...)

Energiezustände des Elektrons

$$E_n = -\frac{m_e \cdot e^4}{8 \cdot \varepsilon_0^2 \cdot h^2} \cdot \frac{1}{n^2}$$

m_e	Ruhemasse des Elektrons
e	Elementarladung des Elektrons
h	PLANCK-Konstante
ε_0	elektrische Feldkonstante
n	Hauptquantenzahl (n = 1, 2, 3, 4 ...)

Aus den beiden Gleichungen für den Bahnradius und die Energie des Elektrons auf seiner Umlaufbahn erhält man für:

$n = 1$ ist $r_1 = 52{,}8$ pm und $E_1 = -1313$ kJ mol^{-1}

$n = 2$ ist $r_2 = 212$ pm und $E_2 = -328$ kJ mol^{-1}

Für $n = 1, 2, 3, 4 \ldots$ gelten die Energiewerte $E_1, E_1/4, E_1/9, E_1/16\ldots$

RYDBERG-Konstante

$$R_\infty = \frac{m_e \cdot e^4}{8\,\varepsilon_0^{\,2} \cdot h^3} = 1{,}097\,373\,15 \cdot 10^7 \text{ m}^{-1}$$

m_e Ruhemasse des Elektrons
e Elementarladung eines Elektrons
ε_0 elektrische Feldkonstante
h PLANCK-Konstante

BOHRSCHE Frequenzbedingung

$$\Delta E = E_{n1} - E_{n2} = h \cdot f = h \cdot c \cdot \frac{1}{\lambda}$$

ΔE Energiedifferenz
E_{n1} Energie eines Elektrons im Zustand 1
E_{n2} Energie eines Elektrons im Zustand 2
h PLANCK-Konstante
f Frequenz der emittierten bzw. absorbierten Strahlung
λ Wellenlänge der emittierten bzw. absorbierten Strahlung
c Lichtgeschwindigkeit im Vakuum

Serienspektren des Wasserstoffs

Das Wasserstoffspektrum besteht aus fünf Serienspektren. Jede Serie endet mit einer Seriengrenze. Die Wellenzahlen $1/\lambda$ der einzelnen Emissionslinien ergeben sich aus folgender allgemeinen Beziehung:

$$\frac{1}{\lambda} = R_\infty \left(\frac{1}{m^2} - \frac{1}{n^2} \right)$$

λ Wellenlänge der emittierten Strahlung
R_∞ RYDBERG-Konstante
m $1, 2, 3 \ldots \infty$
n $(m+1), (m+2), (m+3) \ldots (m+\infty)$

Serie		Spektralbereich
LYMAN	$\frac{1}{\lambda} = R_\infty \left(\frac{1}{1^2} - \frac{1}{n^2} \right) n = 2, 3, 4, 5, 6\ldots$	ultraviolett
BALMER	$\frac{1}{\lambda} = R_\infty \left(\frac{1}{2^2} - \frac{1}{n^2} \right) n = 3, 4, 5, 6\ldots$	sichtbar
PASCHEN	$\frac{1}{\lambda} = R_\infty \left(\frac{1}{3^2} - \frac{1}{n^2} \right) n = 4, 5, 6\ldots$	infrarot
BRACKETT	$\frac{1}{\lambda} = R_\infty \left(\frac{1}{4^2} - \frac{1}{n^2} \right) n = 5, 6\ldots$	infrarot
PFUND	$\frac{1}{\lambda} = R_\infty \left(\frac{1}{5^2} - \frac{1}{n^2} \right) n = 6\ldots$	infrarot

Die Seriengrenzen liegen bei R_∞, $R_\infty/4$, $R_\infty/9$, $R_\infty/16$ und $R_\infty/25$

Beim Übergang eines Wasserstoffelektrons von einem Niveau höherer Energie auf ein Niveau niedriger Energie wird ein Lichtquant (Photon) ausgestrahlt. Das Spektrum von Wasserstoff entsteht daher aus Elektronenübergängen von den höheren Energieniveaus auf die niedrigeren Energieniveaus des Wasserstoffatoms.

Hauptquantenzahl n

$$n = 1, 2, 3 \ldots \infty$$

Hauptquantenzahl n	Bezeichnung der Schale	Energie E_n
1	K	E_1 (Grundzustand)
2	L	1/4 E_1 (angeregter Zustand)
3	M	1/9 E_1 (angeregter Zustand)
4	N	1/16 E_1 (angeregter Zustand)
5	O	1/25 E_1 (angeregter Zustand)
6	P	1/36 E_1 (angeregter Zustand)
7	Q	1/49 E_1 (angeregter Zustand)

n kann ganzzahlige Werte annehmen (für die Grundzustände der chemischen Elemente ist n nicht größer als 7). In Übereinstimmung mit der BOHRschen Theorie gilt die Gleichung für die Energiezustände des Elektrons (vgl. Seite 29).

Nebenquantenzahl l

$$0 \leq l \leq (n-1)$$

l kann die Werte 0, 1, 2, 3 ... (n - 1) annehmen. Diese Quantenzustände werden als s-, p-, d- und f-Zustände bezeichnet.

Hauptschale	K	L	M	N
Hauptquantenzahl n	1	2	3	4
Nebenquantenzahl l	0	0, 1	0, 1, 2	0, 1, 2, 3
Bezeichnung der Unterschale	s	s, p	s, p, d	s, p, d, f

Die Abkürzungen der Unterschalen sind abgeleitet von **s**harp, **p**rincipal, **d**iffuse und **f**undamental.

Magnetische Quantenzahl m_l

$$-l \geq m_l \leq l$$

m_l kann alle positiven und negativen Werte annehmen, die gleich oder kleiner l sind. Sie gibt an, wieviel s-, p-, d- und f-Zustände existieren.

Neben-quantenzahl l	Magnet-quantenzahl m_l	Anzahl der Zustände $m_l = 2l + 1$
0	0	1 s-Orbital
1	–1, 0, +1	3 p-Orbitale
2	–2, –1, 0, +1, +2	5 d-Orbitale
3	–3, –2, –1, 0, +1, +2, +3	7 f-Orbitale

Spinquantenzahl m_s

$$m_s = \pm\, 1/2$$

Den Elektronen wird eine Eigendrehung zugeschrieben. Anschaulich lassen sich zwei Möglichkeiten der Eigenrotation unterscheiden, eine Links- und eine Rechtsdrehung. Daher gibt es für das Elektron zwei Quantenzustände mit der Spinquantenzahl $m_s = +1/2$ oder $m_s = -1/2$.

Quantenzustände von Einelektronensystemen

Haupt-quanten-zahl n	Neben-quanten-zahl l	Magnet-quanten-zahl m_l	Spin-quanten-zahl m_s	Anzahl der Quanten-zustände für l	für n
1 (K)	0 (1 s)	0	± 1/2	2 · 1 = 2	2
2 (L)	0 (2 s)	0	± 1/2	2 · 1 = 2	8
	1 (2 p)	–1, 0, +1	± 1/2	2 · 3 = 6	

n	l		m_l	m_s	für l	für n
3 (M)	0	(3 s)	0	± 1/2	2 · 1 = 2	18
	1	(3 p)	-1, 0, +1	± 1/2	2 · 3 = 6	
	2	(3 d)	-2, -1, 0, +1, +2	± 1/2	2 · 5 = 10	
4 (N)	0	(4 s)	0	± 1/2	2 · 1 = 2	32
	1	(4 p)	-1, 0, +1	± 1/2	2 · 3 = 6	
	2	(4 d)	-2, -1, 0, +1, +2	± 1/2	2 · 5 = 10	
	3	(4 f)	-3, -2, -1, 0, +1, +2, +3	± 1/2	2 · 7 = 14	

M.4 Aufbau von Mehrelektronensystemen

PAULI-Prinzip
Ein Atom darf keine Elektronen enthalten, die in allen vier Quantenzahlen n, l, m_l und m_s übereinstimmen. Dies bedeutet, dass jedes Orbital mit maximal zwei Elektronen entgegengesetzten Spins besetzt werden kann.

Bei der Darstellung der Elektronenverteilung in Atomen (Elektronenkonfiguration) werden die Orbitale häufig durch Kästchen und die Elektronen durch Pfeile symbolisiert. Elektronen, die sich durch ihre Spinquantenzahl unterscheiden, sind durch entgegengesetzte Pfeilrichtungen zu kennzeichnen.

HUNDsche-Regel
Die Orbitale einer Unterschale (energiegleiche p-, d- oder f-Orbitale einer Elektronenschale der Hauptquantenzahl n) werden so besetzt, dass die Anzahl der Elektronen mit gleicher Spinrichtung maximal ist.

Energieniveauschema von Mehrelektronensystemen

Die Reihenfolge, in der mit wachsender Ordnungszahl die Unterschalen der Atome mit Elektronen aufgefüllt werden, erfolgt nach folgendem Schema:

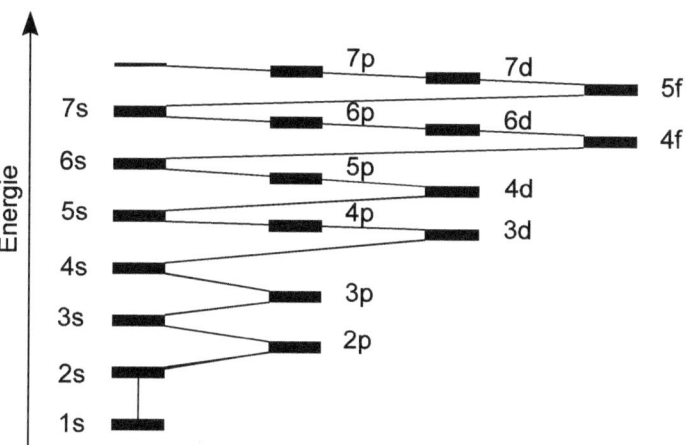

Es gibt jedoch einige Abweichungen von dieser Besetzungsreihenfolge. Beispiele dafür sind die Elemente Chrom und Kupfer. Bei Chrom ist die Außenschalenkonfiguration $3d^5\,4s^1$ gegenüber $3d^4\,4s^2$ bevorzugt, bei Kupfer die Konfiguration $3d^{10}\,4s^1$ gegenüber $3d^9\,4s^2$. Vollständig oder halb gefüllte d-Orbitale sind gegenüber nur teilweise besetzten Schalen energetisch begünstigt.

Ionisierungsenergie

$$X(g) + I \rightarrow X^+(g) + e$$

X   Atom

I Ionisierungsenergie
X^+ Kation
e Elektron

Die Ionisierungsenergie *I* eines Atoms ist die Mindestenergie, die erforderlich ist, um in der Gasphase ein Elektron vollständig aus dem Kraftfeld des Atomkerns zu entfernen. Bei Atomen mit mehreren Elektronen sind weitere Ionisierungen möglich. Die hierzu jeweils notwendige Energie, um X^+-, X^{++}- oder X^{+++}-Ionen herzustellen, wird erste, zweite bzw. dritte Ionisierungsenergie genannt.

Element	Ionisierungsenergie in kJ mol^{-1}				
	I_1	I_2	I_3	I_4	
H	1317				1. Periode
He	2379	5254			
Li	526	7303	10851		
Be	905	1763	14856	21016	
B	807	2434	3665	25026	
C	1092	2358	4625	6228	2. Periode
N	1408	2861	4583		
O	1319	3394	5303		
F	1686	3382	6051		
Ne	2087	3969	6130		
Na	502	4568	6919		
Mg	744	1445	7754		
Al	584	1823	2750	11586	
Si	793	1583	3217	4361	3. Periode
P	1017	1909	2916		
S	1006	2260	3380		
Cl	1257	2303	3856		
Ar	1526	2670	3953		

Elektronenaffinität

$$X(g) + e \rightarrow X^-(g)$$

X   Atom
X^- Anion

Unter der Elektronenaffinität *EA* eines Atoms versteht man die Energie, die frei wird (negativer *EA*-Wert) oder aufgewendet werden muss (positiver *EA*-Wert), wenn an ein Atom ein Elektron unter Bildung eines Anions angelagert wird.

	Gruppen des Periodensystems							
	1	2	13	14	15	16	17	18
1. Periode	H -73							He +19
2. Periode	Li -60	Be +19	B -27	C -120	N -7	O -168	F -349	Ne +29
3. Periode	Na -53	Mg +19	Al -43	Si -140	P -72	S -207	Cl -369	Ar +39
4. Periode	K -48	Ca +10	Ga -29	Ge -116	As -78	Se -195	Br -333	Kr +39
5. Periode	Rb -47	Sr +5	In -29	Sn -116	Sb -103	Te -190	I -304	Xe +48

Elektronenaffinitäten sind in kJ mol^{-1} angegeben

Periodizität einiger Eigenschaften

Im Periodensystem der Elemente (PSE) nimmt innerhalb einer Periode der **Metallcharakter** von links nach rechts ab, während der **Nichtmetallcharakter** steigt. Innerhalb einer Hauptgruppe nehmen die metallischen Eigenschaften der Elemente von oben nach unten zu. In den Nebengruppen sind ausschließlich Metalle vorhanden.

Die Fähigkeit der Elemente, Basen oder Säuren zu bilden, hängt mit ihrem Metall- oder Nichtmetallcharakter zusammen. Mit Wasser bilden die Oxide der Metalle Basen, die Oxide der Nichtmetalle Säuren. Innerhalb einer Periode nimmt von links nach rechts der **Basencharakter** ab, der **Säurecharakter** zu. Innerhalb einer Gruppe steigt der Basencharakter mit zunehmender Kernladungszahl.

Die **positive Oxidationszahl** OZ eines Elementes ist nie größer als seine Gruppennummer im PSE (Einteilung nach römischen Ziffern). Eine Ausnahme dieser Regel bilden die Elemente der 11. Gruppe (I. Nebengruppe). Sie treten außer mit der Oxidationszahl +1 auch in höheren OZ auf.

Die maximale **negative** OZ ergibt sich aus der Gruppennummer minus 8 (Einteilung nach römischen Ziffern).

Innerhalb einer Hauptgruppe nimmt die **Stabilität der Verbindungen** mit maximaler Oxidationsstufe des Elements mit steigender Kernladungszahl ab, die Beständigkeit der Verbindungen mit einer geringeren Oxidationsstufe zu.

M.5 Kernreaktionen und Radioaktivität

Instabile Nuklide wandeln sich unter Emission von Elementarteilchen oder kleinen Kernbruchstücken in andere Nuklide um.

Diese spontane Kernreaktion wird als radioaktiver Zerfall bezeichnet.

Strahlungsarten

	Teilchenart	Ladungszahl Z	Nukleonenzahl A	Eindringtiefe
α-Strahlung	He^{2+}-Kern	+2	4	gering
β-Strahlung	Elektronen	−1	0	mittel
γ-Strahlung	Photonen	0	0	groß

1. Verschiebungsgesetz

Wird ein α-Teilchen bei der Kernumwandlung emittiert, so sinkt die Massenzahl um vier und die Kernladungszahl um zwei Einheiten.

$$^{A}_{Z}X_1 \rightarrow {}^{A-4}_{Z-2}X_2 + {}^{4}_{2}He$$

- A Nukleonenzahl
- Z Kernladungszahl
- X_1 Element vor dem α-Zerfall
- X_2 Element nach dem α-Zerfall

2. Verschiebungsgesetz

Durch Emission eines Elektrons aus dem Atomkern bleibt die Masse des Kerns unverändert, während sich die Kernladungszahl um eine Einheit erhöht. (Zur Vereinfachung wird die Umwandlung von einem Neutron in ein Proton angenommen.)

$$^{A}_{Z}X_1 \rightarrow {}^{A}_{Z+1}X_2 + {}^{0}_{-1}e$$

Radioaktive Zerfallsreihen

Zerfallsreihe	Nukleonenzahl A*	Ausgangsnuklid	Stabiles Endprodukt	Emittierte Teilchen α	β
Thorium-Reihe	$4n$	$^{232}_{90}\text{Th}$	$^{209}_{82}\text{Pb}$	6	4
Neptunium-Reihe	$4n+1$	$^{237}_{93}\text{Np}$	$^{209}_{83}\text{Bi}$	7	4
Uran-Radium-Reihe	$4n+2$	$^{238}_{92}\text{U}$	$^{206}_{82}\text{Pb}$	8	6
Actinium-Uran-Reihe	$4n+3$	$^{235}_{92}\text{U}$	$^{207}_{82}\text{Pb}$	7	4

* Mit Hilfe der angegebenen Gleichung lassen sich die Nukleonenzahlen der Glieder einer Reihe berechnen, n ist dabei eine ganze Zahl.

Nuklidkarte

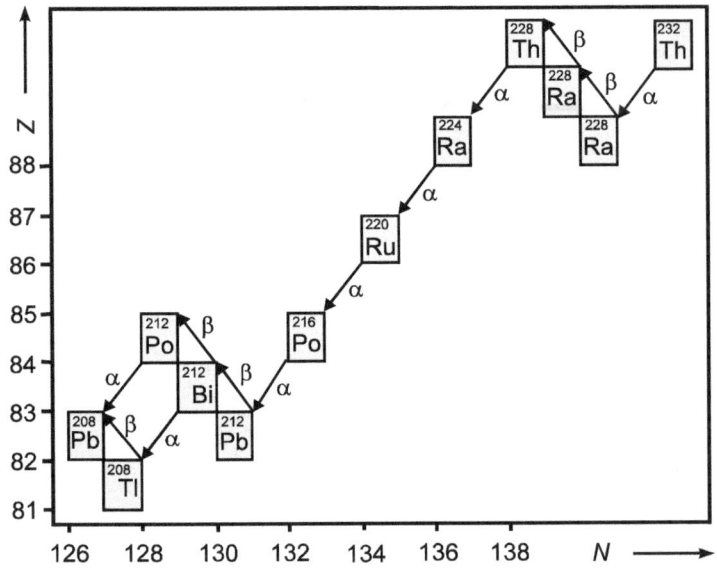

Darstellung des natürlichen radioaktiven Zerfalls von Thorium-232 bis zum stabilen Blei-208. Der α-Zerfall verläuft auf der Diagonalen der Isodiapheren ($N - Z$ = konst.), während der β-Zerfall auf der Diagonalen der Isobaren ($N + Z$ = konst.) erfolgt. Die auftretenden Nuklide gehören zur Thorium-Reihe ($A = 4\,n$).

In der Horizontalen einer Nuklidkarte stehen die **Isotope**. Es sind Nuklide mit gleicher Kernladungszahl Z.

Nuklide mit gleicher Neutronenzahl (**Isotone**) stehen in der Karte senkrecht untereinander. **Isobare** (Nuklide mit gleicher Nukleonenzahl A) findet man auf der von links oben nach rechts unten verlaufenden Diagonalen.

Schließlich befinden sich auf der Diagonalen von rechts oben nach links unten die **Isodiapheren**. Sie sind durch die gleiche Differenz von Neutronen- und Protonenzahl gekennzeichnet.

Radioaktivität

Der Kernzerfall erfolgt spontan und rein statistisch. Die Anzahl der pro Zeiteinheit zerfallenen Kerne $-\mathrm{d}N/\mathrm{d}t$ ist proportional der Gesamtzahl radioaktiver Kerne N und einer für jede instabile Nuklidsorte typischen Zerfallskonstante λ.

$$A = -\frac{\mathrm{d}N}{\mathrm{d}t} = \lambda \cdot N$$

N Anzahl der vorhandenen Kerne zur Zeit t
$\mathrm{d}N$ Änderung der Anzahl von Kernen im Zeitintervall $\mathrm{d}t$
       ($\mathrm{d}N < 0$, Zerfall von Kernen)
λ Zerfallskonstante

Umwandlungsgesetz und Halbwertszeit

$$N = N_0 \cdot e^{-\lambda t}$$

Als charakteristische Größe für die Stabilität eines instabilen Nuklids wird die Halbwertszeit angegeben.

$$T_{1/2} = \frac{\ln 2}{\lambda}$$

N Anzahl der vorhandenen Kerne zur Zeit t
N_0 Anzahl der Kerne zur Zeit $t = 0$
λ Zerfallskonstante
$T_{1/2}$ Halbwertszeit

Nuklid	Halbwertszeit	Umwandlungsart
Caesium-134	2,06 a	β^-, β^+, γ
Caesium-137	30,17 a	β^-
Cobalt-58	70,78 d	β^+, EC, γ
Cobalt-60	5,27 a	β^-, γ
Iod-131	8,02 d	β^-, γ
Iod-132	2,3 h	β^-, γ
Neptunium-237	$2,14 \cdot 10^6$ a	α, γ
Radium-226	$1,6 \cdot 10^3$ a	α, γ
Radium-222	3,83 d	α, γ
Thorium-228	1,91 a	α, γ
Uranium-235	$7,04 \cdot 10^8$ a	α, SF, γ
Uranium-238	$4,47 \cdot 10^9$ a	α, SF, γ
Wasserstoff-3	12,32 a	β^-
Kohlenstoff-14	$5,76 \cdot 10^3$ a	β^-

α : Emission von α-Teilchen
β^+ : Emission von Positronen
EC : Elektroneneinfang
β^- : Emission von β^--Teilchen
γ : Emission von γ-Teilchen
SF : spontane Kernspaltung

Energiedosis

Es wird davon ausgegangen, dass die Wirkung energiereicher Strahlung in direktem Zusammenhang mit der Energie steht, die das Medium durch Absorption der Strahlung erfährt. Diese Energie wird mit dem Begriff **Dosis** charakterisiert.

$$D = \frac{\Delta_D E}{\Delta m} \qquad \Delta m = \rho \, \Delta V$$

$\Delta_D E$ Energie, die durch ionisierende Strahlung auf das Material im Volumenelement ΔV übertragen wird
Δm Masse des Materials im Volumenelement ΔV
ρ Dichte des Materials im Volumenelement ΔV

Dosisleistung

$$\dot{D} = \frac{dD}{dt}$$

D Energiedosis
t Zeit

Äquivalentdosis

Die Äquivalentdosis dient zur Charakterisierung der **relativen biologischen Wirksamkeit (RBW)** energiereicher Strahlung und zur Beurteilung eines gegebenen Strahlenrisikos.

$$H = Q_F \cdot D$$

Q_F Qualitätsfaktor, der die unterschiedliche RBW berücksichtigt. Der Zahlenwert wird durch Erfahrung und Übereinkunft festgelegt:

$Q_F = 1$: Photonen, Elektronen, Positronen
$Q_F = 10$: Neutronen, Protonen
$Q_F = 20$: α-Teilchen, mehrfach geladene Teilchen

Die ICRP (International Commission Radiological Protection) legt für verschiedene Personengruppen und unterschiedliche Bereiche der Umwelt Grenzwerte fest, die sich vorwiegend am genetischen Risiko orientieren und keinesfalls überschritten werden sollten.

Die gesamte Strahlenbelastung des Menschen (natürlicher und zivilisatorischer Anteil) liegt zur Zeit im Mittel bei ca. 3 mSv pro Jahr.

Energie- und Äquivalentdosis können nicht direkt gemessen werden. Sie werden daher indirekt ermittelt. Die hierfür eingesetzten Dosimeter nutzen Strahlungsreaktionen unterschiedlicher Wirkung aus.

Die bei ionisierenden Strahlen benutzten Dosisbezeichnungen

Größe	Neue Bezeichnung nach SI-Einheit	Umrechnung nach SI-Einheit	Alte Bezeichnung
Energiedosis	1 Gray (Gy)	$= 1\ J\ kg^{-1}$	100 rd
Dosisleistung	1 Gray/Sekunde ($Gy\ s^{-1}$)	$= 1\ J\ kg^{-1}\ s^{-1}$	100 rd s^{-1}
Äquivalentdosis	1 Sievert (Sv)	$= 1\ J\ kg^{-1}$	100 rem
Energie	1 eV	$= 1{,}6 \cdot 10^{-19}\ J$	

Ionendosis

$$J = \frac{\Delta Q}{\Delta m}$$

ΔQ elektrische Ladung der Ionen eines Vorzeichens, die durch Strahlung in Luft vom Volumen ΔV direkt oder indirekt erzeugt wird

Δm Masse der Luft im Volumen ΔV

Ionendosis und die im Medium Luft gemessene Energiedosis sind gleichwertige Messgrößen für den gleichen physikalischen Sachverhalt.

$$D_{Luft} = J \frac{E_{Luft}}{e}$$

D_{Luft} Energiedosis für Luft
J Ionendosis
E mittlere Energie zur Erzeugung eines Ionenpaares in einem Gas durch geladene Teilchen, $E_{Luft} = 34$ eV
e Elementarladung

Z Zustandsformen der Materie

Z.1 Aggregatzustände und Phasendiagramme

Aggregatzustand

Materie wird durch drei grundlegende Zustandsformen (Aggregatzustände) beschrieben, die sich makroskopisch durch unterschiedliche Volumen- und Formbeständigkeit sowie mikroskopisch durch die Struktur ihrer kleinsten Einheit unterscheiden.

Aggregat-zustand	Volumenbe-ständigkeit	Formbe-ständigkeit	Ordnungsmerkmale
gasförmig	−	−	keine
flüssig	+	−	Teilordnung
fest	+	+	Kristallgitter mit regelmäßiger oder Gläser mit unregelmäßiger Anordnung

Phasenregel von GIBBS

Eine **Phase** ist ein Zustandsbereich der Materie, in dem die physikalischen und chemischen Eigenschaften vollkommen gleich (homogen) sind. Der Materiebereich wird durch Grenzflächen, die Phasengrenzen, von den anderen Bereichen abgetrennt. Zwischen zwei Phasen ändern sich verschiedene Eigenschaften sprunghaft.

Aggregatzustände und Phasendiagramme

$$F = K - P + 2$$

K Anzahl der Komponenten, die zum Aufbau des Systems erforderlich sind und im Gleichgewichtszustand die Zusammensetzung jeder Phase festlegen
P Anzahl der Phasen der physikalisch trennbaren Bestandteile des Systems
F Anzahl der Freiheitsgrade

Als Freiheitsgrade bezeichnet man die Anzahl **intensiver Zustandsgrößen**, durch die der Zustand eines Systems bestimmt ist. Der Wert aller anderen Zustandsgrößen des Systems ist damit festgelegt.

Mehrstoffsysteme

Homogene Systeme liegen dann vor, wenn man keine Uneinheitlichkeit erkennen kann. Sie werden auch als Phasen bezeichnet. Homogene Systeme können Lösungen aus Reinsubstanzen (homogene Gemische) oder bereits Reinsubstanzen selbst sein. Es wird zwischen flüssigen (z. B. NaCl in Wasser), festen (z. B. Metalllegierungen) und gasförmigen (z. B. Luft) Lösungen unterschieden.

Heterogene Gemische besitzen eine variable Zusammensetzung aus homogenen (einheitlichen) Stoffen. Häufig wird auch die Bezeichnung physikalisches Gemenge verwendet. Man versteht hierunter eine Mischung von zwei oder mehr Stoffen, die jeweils eine eigene Phase bilden.

Zustandsdiagramm

Der Zusammenhang zwischen Aggregatzustand, Druck und Temperatur eines Stoffes lässt sich am anschaulichsten in einem Zustandsdiagramm darstellen.

Zustandsformen der Materie

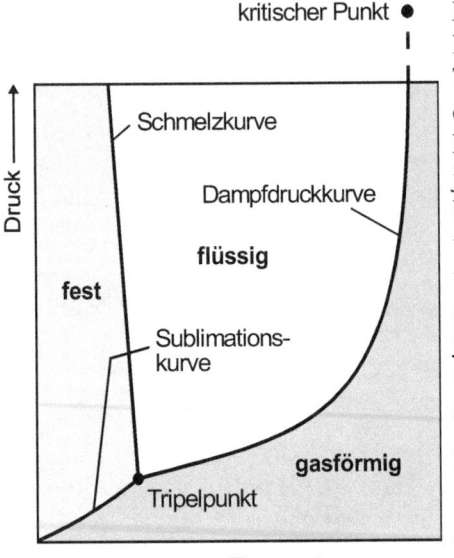

Die drei Kurven teilen den Druck- und Temperaturbereich in drei Gebiete. Innerhalb dieser Gebiete ist jeweils nur eine Phase beständig. Die Kurven stellen eine Folge von Zustandsbedingungen dar, in denen jeweils zwei Phasen nebeneinander existieren.

Am **Tripelpunkt** befinden sich alle drei Phasen im Gleichgewicht. Im kritischen Punkt verschwindet die Phasengrenze zwischen Gas und Flüssigkeit. Oberhalb des kritischen Punktes kann keine Flüssigkeit existieren, und somit können Gase nicht mehr verflüssigt werden.

Kritische Daten verschiedener Substanzen

Substanz	p_k in 10^5 Pa	T_k in K	$V_{m,k}$ in 10^{-6} m^3 mol^{-1}
NH_3	114	406	72
H_2O	221	647	554
CO_2	74	304	94
CO	35	134	90
N_2	34	126	90
H_2	13	33	70
O_2	50	155	74

Z.2 Gasgesetze

Gesetz von BOYLE und MARIOTTE

$$p_E \cdot V_E = p_A \cdot V_A \quad (T, n = \text{konst.})$$

p Druck (A = Anfangszustand, E = Endzustand)
V Volumen (A = Anfangszustand, E = Endzustand)

Mit diesem Gesetz lässt sich der Druck (Volumen) eines idealen Gases bei einer Volumenänderung (Druckänderung) berechnen. Bei konstanter Temperatur ist für eine gleichbleibende Gasmenge (n = konst.) das Produkt $p \cdot V$ = konstant.

Gesetz von GAY-LUSSAC

$$V_E = (T_E / T_A) \cdot V_A \quad (p, n = \text{konst.})$$
$$p_E = (T_E / T_A) \cdot p_A \quad (V, n = \text{konst.})$$

p Druck (A = Anfangszustand, E = Endzustand)
T absolute Temperatur
     (A = Anfangszustand, E = Endzustand)
V Volumen (A = Anfangszustand, E = Endzustand)

Mit dem GAY-LUSSACschen Gesetz lässt sich das Volumen eines idealen Gases berechnen, wenn es bei konstantem Druck erwärmt bzw. abgekühlt wird.

Dieses Gesetz kann aber auch zur Berechnung des Druckes herangezogen werden, der sich bei einer bestimmten Gasmenge einstellt, wenn es bei konstantem Volumen erwärmt bzw. abgekühlt wird.

Hypothese von AVOGADRO

$$V \sim n \quad (T, p = \text{konst.})$$

V Volumen
n Stoffmenge

Gleiche Volumina verschiedener Gase enthalten bei gleicher Temperatur und gleichem Druck dieselbe Anzahl von Teilchen. Da die Anzahl der Teilchen proportional der Stoffmenge ist, muss das Gasvolumen proportional der Stoffmenge sein.

Allgemeine Gasgleichung

$$p \cdot V = n \cdot R \cdot T$$

p   Druck
V   Volumen
n   Stoffmenge
R   allgemeine Gaskonstante
T   absolute Temperatur

Diese Beziehung gilt näherungsweise für Gase geringer Dichte (Vernachlässigung von intermolekularen Wechselwirkungen). Die **allgemeine Gaskonstante** R ist unabhängig von den Eigenschaften der Gase und damit eine fundamentale Konstante. Erfüllt ein Gas diese Gleichung exakt, so nennt man es **ideales Gas**.

Standardbedingungen

Als Standardwerte für Druck und Temperatur (Abkürzung STP) wurden früher 0 °C und 101 325 Pa (= 1 atm) gewählt. Das molare Volumen eines idealen Gases beträgt unter

STP-Bedingungen 22,414 dm³ mol⁻¹. Es wurde vorgeschlagen, als Standardbedingungen 298,15 K und 100 000 Pa (= 1 bar) festzulegen. Diese Bedingungen werden **SATP** (**s**tandard **a**mbient **t**emperature and **p**ressure) genannt. Bei SATP hat ein ideales Gas ein molares Volumen von 24,789 dm³ mol⁻¹.

Gesetz von DALTON

Nach dem DALTONschen Gesetz ist der Druck einer Mischung aus idealen Gasen gleich der Summe der Drücke, welche die einzelnen Gase ausüben würden, wenn sie jeweils allein in dem betreffenden Volumen wären.

$$p = p_1 + p_2 + \ldots + p_j = \sum_{i=1}^{j} p_i$$

p Gesamtdruck
p_i Partialdruck der Komponente i

Partialdruck idealer Gase in einer Mischung

$$p_1 = n_1 \frac{R \cdot T}{V} \qquad \frac{p_1}{p} = \frac{n_i}{\sum_{i=1}^{j} n_i}$$

p_1 Partialdruck der Komponente 1
n_1 Stoffmenge der Komponente 1
R allgemeine Gaskonstante
T absolute Temperatur
V Gesamtvolumen
p Gesamtdruck
n_i Stoffmenge der Komponente i

Zustandsgleichung idealer Gasmischung

$$p \cdot V = \sum_{i=1}^{j} n_i \cdot R \cdot T$$

- p Gesamtdruck
- V Gesamtvolumen
- n_i Stoffmenge der Komponente i
- R allgemeine Gaskonstante
- T absolute Temperatur

Mittlere Molmasse einer Gasmischung

$$\overline{M} = x_1 \cdot M_1 + x_2 \cdot M_2 + \ldots + x_j \cdot M_j = \sum_{i=1}^{j} x_i \cdot M_i$$

- M_i Molmasse der Komponente i
- x_i Stoffmengenanteil der Komponente i

VAN-DER-WAALS-Gleichung

$$p = \frac{R \cdot T}{(V_m - b)} - \frac{a}{V_m^2}$$

- p Gesamtdruck
- R allgemeine Gaskonstante
- T absolute Temperatur
- V_m molares Volumen
- a VAN-DER-WAALS-Konstante
- a/V_m^2 Binnendruck (Kohäsionsdruck), der die intermolekularen Wechselwirkungen berücksichtigt
- b Covolumen (VAN-DER-WAALS-Konstante)

VAN-DER-WAALS-Konstanten

$$a = 3\,p_k \cdot V_k^{\,2} = \frac{27\,R^2 \cdot T_k^{\,2}}{64\,p_k}$$

$$b = \frac{V_k}{3} = \frac{R \cdot T_k}{8\,p_k} = 4 \cdot \frac{4}{3} \cdot r_M^{\,3} \cdot \pi \cdot N_A$$

p_k	kritischer Druck
V_k	kritisches Volumen
T_k	kritische Temperatur
R	allgemeine Gaskonstante
N_A	AVOGADRO-Konstante
r_M	Molekülradius

VAN-DER-WAALS-Konstanten

Gas	a in kPa dm^6 mol^{-2}	b in dm^3 mol^{-1}
Ammoniak	421	0,037
Argon	136	0,032
Ethan	555	0,064
Ethen	452	0,057
Helium	3	0,024
Luft	141	0,039
Kohlenstoffdioxid	362	0,043
Sauerstoff	137	0,032
Stickstoff	140	0,039
Chlor	66	0,056
Wasserstoff	25	0,027

(1) Die VAN-DER-WAALS-Gleichung liefert bei hohen Temperaturen und geringen Dichten die Isothermen der idealen Gase.
(2) Wenn sich die anziehenden und abstoßenden Kräfte ausgleichen, existieren flüssiger und gasförmiger Zustand nebeneinander.
(3) Der kritische Punkt eines Gases kann lokalisiert werden.

Kritische Daten der VAN-DER-WAALS-Gleichung

Bei und oberhalb der kritischen Temperatur tritt keine flüssige Phase auf. Druck und molares Volumen am kritischen Punkt heißen kritischer Druck und kritisches molares Volumen.

$$V_{m,k} = 3b \quad p_k = \frac{a}{27\,b^2} \quad T_k = \frac{8a}{27\,R \cdot b}$$

$V_{m,k}$	kritisches molares Volumen
p_k	kritischer Druck
T_k	kritische Temperatur
R	allgemeine Gaskonstante
a, b	VAN-DER-WAALS-Konstanten

Aus der experimentellen Bestimmung der kritischen Daten eines Gases durch Isothermenmessungen lassen sich die Konstanten a und b ermitteln.

$$a = \frac{27\,R^2 \cdot T_k^{\,2}}{64\,p_k} \quad b = \frac{R \cdot T_k}{8\,p_k}$$

Virialgleichung

$$p \cdot V_m = R \cdot T \left(1 + \frac{B}{V_m} + \frac{C}{V_m^{\,2}} + \ldots \right)$$

p	Druck
V_m	molares Volumen
R	allgemeine Gaskonstante
T	absolute Temperatur

B zweiter Virialkoeffizient
C dritter Virialkoeffizient

Zweiter Virialkoeffizient

$$B = b - \frac{a}{R \cdot T}$$

a, b VAN-DER-WAALS-Konstanten
R allgemeine Gaskonstante
T absolute Temperatur

REDLICH-KWONG-Gleichung

$$\left(p + \frac{a \cdot n^2}{V_m (V_m + n \cdot b) T^{0,5}} \right) \cdot (V_m - n \cdot b) = n \cdot R \cdot T$$

p Druck
V_m molares Volumen
R allgemeine Gaskonstante
T absolute Temperatur
n Stoffmenge
a, b VAN-DER-WAALS-Konstanten

Z.3 Fester Zustand

Elementarzelle

In kristallinen Stoffen sind Atome, Ionen oder Moleküle in Form eines regelmäßigen räumlichen Gitters (**Raumgitter**) in einer Weise angeordnet, dass sie in den drei Raumrichtungen mit einem für jede Richtung charakteristischen, sich immer wiederholenden Abstand aufeinander folgen. Ein Kristall ist somit eine periodische Anordnung von Gitterbausteinen. Dieser kleinste Baustein heißt **Elementarzelle** und ist durch die Länge seiner drei Achsen und die Achsenwinkel definiert.

Kristallsysteme

Zur Beschreibung der verschiedenen Elementarzellen sind sieben Kristallsysteme mit charakteristischen Achsenlängen und Achsenwinkeln erforderlich.

Kristall-system	Achsen-länge	Achsenwinkel*	Beispiele
kubisch	$a = b = c$	$\alpha = \beta = \gamma = 90°$	NaCl, KCl, CaO, γ-Al_2O_3, Cu, Ag
tetragonal	$a = b \neq c$	$\alpha = \beta = \gamma = 90°$	TiO_2, MnO_2, Sn, Harnstoff
hexagonal	$a = b \neq c$	$\beta = 90°, \gamma = 120°$	SiO_2, Graphit, Zn, H_2O (Eis)
trigonal	$a = b = c$	$\alpha = \beta = \gamma \neq 90°$	$CaCO_3$ (Calcit), Fe_2O_3, α-Al_2O_3
ortho-rhombisch	$a \neq b \neq c$	$\alpha = \beta = \gamma = 90°$	$CaCO_3$ (Argonit), $BaSO_4$, I_2, S_8
monoklin	$a \neq b \neq c$	$\alpha = \gamma = 90°$, $\beta \neq 90°$	$CaSO_4 \cdot 2\,H_2O$ (Gips), Rohr- und Milchzucker
triklin	$a \neq b \neq c$	$\alpha \neq \beta \neq \gamma$	$CuSO_4 \cdot 5\,H_2O$, $K_2Cr_2O_7$

* $\alpha = <b/c$, $\beta = <a/c$, $\gamma = <a/b$

BRAVAIS-Gitter

Das Raumgitter lässt sich durch Translation der Elementarzelle in allen drei Raumrichtungen darstellen. Kristalline Stoffe können Symmetrie-Elemente, z. B. Drehachsen, Symmetriezentrum, Spiegelebenen u. a., enthalten. Es lassen sich insgesamt 230 symmetrisch unterschiedliche Anordnungen von Gitterpunkten (Raumgruppen) konstruieren.

Metallgitter

60 % der Metalle kristallisieren in kubisch bzw. hexagonal dichten Kugelpackungen. Der überwiegende Teil der restlichen 40 % bevorzugt das kubisch-raumzentrierte Gitter.

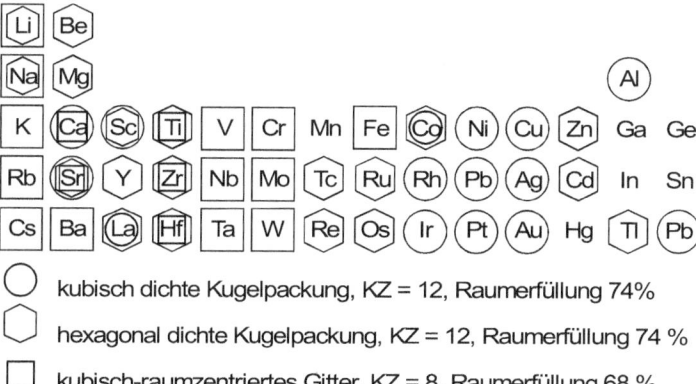

○ kubisch dichte Kugelpackung, KZ = 12, Raumerfüllung 74 %

⬡ hexagonal dichte Kugelpackung, KZ = 12, Raumerfüllung 74 %

☐ kubisch-raumzentriertes Gitter, KZ = 8, Raumerfüllung 68 %

Radienverhältnis

$$\rho = \frac{r_<}{r_>}$$

ρ Radienverhältnis
$r_<$ Radius des kleineren Ions (häufig das Kation)
$r_>$ Radius des größeren Ions (häufig das Anion)

58 Zustandsformen der Materie

Koordinationszahl	Radienverhältnis
8 (oktaedrisch)	> 0,732
6 (hexagonal)	0,732 ... 0,414
4 (tetraedrisch)	0,414 ... 0,225
3 (trigonal)	0,225 ... 0,155

BORN-HABER-Kreisprozess

$$\Delta_G H^\ominus = \left(\Delta_S H^\ominus + \Delta_D H^\ominus + \Delta_I H^\ominus + \Delta_A H^\ominus\right) - \Delta_B H^\ominus$$

$\Delta_G H^\ominus$ Standard-Gitterenthalpie (Änderung der Enthalpie bei Bildung eines Ionengases aus dem Festkörper: $MX(s) \rightarrow M^+(g) + X^-(g)$

$\Delta_B H^\ominus$ Standard-Bildungsenthalpie der Verbindung MX (s)

$\Delta_S H^\ominus$ Standard-Sublimationsenthalpie: $M(s) \rightarrow M(g)$

$\Delta_D H^\ominus$ Standard-Dissoziationsenthalpie: $\frac{1}{2} X_2(g) \rightarrow X(g)$

$\Delta_I H^\ominus$ Standard-Ionisierungsenthalpie: $M(g) \rightarrow M^+(g) + e$

$\Delta_A H^\ominus$ Standard-Elektronenaufnahmeenthalpie: $X(g) + e \rightarrow X^-(g)$

Die Größe der Gitterenthalpie ist ein Maß für die Stärke der Bindung der Ionen im Kristallgitter. Es lässt sich mit $\Delta_G H^\ominus$ auch über den Charakter der Bindung im Festkörper urteilen.

Potenzielle Energie eines Kristalls

$$V_m = N_A \frac{e^2}{4\pi \cdot \varepsilon_0} \cdot \frac{z_K \cdot z_A}{d} \cdot M$$

N_A AVOGADRO-Konstante ($= 6{,}022 \cdot 10^{23}$ mol^{-1})

e	Elementarladung eines Elektrons (= $1{,}602 \cdot 10^{-19}$ C)
ε_0	elektrische Feldkonstante (= $8{,}854$ F m^{-1})
z	Ladungszahl der Kationen (K) und Anionen (A)
d	Abstand der Zentren nächster Nachbarn ($d = r_K + r_A$)
M	MADELUNG-Konstante (geometrischer Faktor)

MADELUNG-Konstanten einiger Strukturtypen

Strukturtyp	M
Caesiumchlorid	1,763
Fluorit	2,519
Natriumchlorid	1,748
Rutil	2,408
Zinkblende	1,638
Wurzit	1,641
Korund	4,172

BORN-MAYER-Gleichung

$$V = N_A \frac{e^2}{4\pi \cdot \varepsilon_0} \cdot \frac{z_K \cdot z_A}{d} \cdot \left(1 - \frac{d^*}{d}\right) \cdot M$$

V Abstoßungsenergie
d^* Konstante (= 34,5 pm)
d Gitterabstand der Zentren nächster Nachbarn
 ($d = r_K + r_A$)

Ionen haben bei ausreichend großem Abstand im gasförmigen Zustand eine potenzielle Energie von null. Der negative Wert von V stellt dann die Gitterenthalpie dar. Die Übereinstimmung zwischen der experimentell ermittelten Gitterenthalpie und dem nach BORN-MAYER errechneten Wert ist ein Maß für den ionogenen Anteil eines Festkörpers. Eine gute Übereinstimmung kennzeichnet die Verbindung als ionisch; weniger gute oder schlechte Übereinstimmung bedeutet, dass ein deutlicher kovalenter Anteil vorhanden ist.

KAPUSTINSKII-Gleichung

$$\Delta_G H = \frac{-n \cdot z_K \cdot z_A}{d} \cdot \left(1 + \frac{d^*}{d}\right) \cdot K$$

$\Delta_G H$ Gitterenthalpie
n Anzahl der Ionen pro Formeleinheit
K Konstante (= 121 MJ pm mol^{-1})
z Ladungszahl der Kationen (K) und Anionen (A)
d^* Konstante (= 34,5 pm)
d Gitterabstand der Zentren nächster Nachbarn
  ($d = r_K + r_A$)

KAPUSTINSKII postulierte eine hypothetische NaCl-Struktur, die energetisch der wirklichen Struktur eines jeden ionischen Festkörpers gleich ist. Somit kann die Gitterenthalpie mit den entsprechenden Ionenradien r_K und r_A für eine 6,6-Koordination berechnet werden.

T Thermodynamik

T.1 Systeme und Zustandsgrößen

Thermodynamische Systeme
Ein **isoliertes** (**abgeschlossenes System**) ist gegenüber seiner Umgebung vollständig abgeschlossen. Seine Begrenzungsflächen (Wände) sind sowohl für Energie als auch für Materie vollkommen undurchlässig.
Geschlossene Systeme tauschen mit ihrer Umgebung zwar Energie, aber keine Materie aus. Die Systemgrenze kann starr oder elastisch sein.
Ein **offenes System** kann Materie und Energie mit seiner Umgebung austauschen.
Ein von seiner Umgebung thermisch getrenntes System nennt man **adiabates System**.

Makroskopische Eigenschaften
Eine **intensive Größe** ist eine vom Umfang der Stoffportion unabhängige Zustandsgröße. Sie hat innerhalb eines homogenen Systems überall denselben Wert. Beispiele sind Druck, Temperatur, Dichte und das chemische Potenzial.

Eine **extensive Größe** ist eine Zustandsgröße, die vom Umfang der Stoffportion abhängt. Werden die Massen oder Stoffmengen der in einem Bereich vorkommenden Stoffe bei konstanten intensiven Größen vervielfacht, so vervielfachen sich alle extensiven Größen des Bereiches in gleichem Maß. Beispiele sind Volumen, Masse, Energie und Entropie.

Zustandsgrößen
Eine Zustandsgröße oder Zustandsfunktion Y ist eine physikalische Größe, die nur vom gegenwärtigen Zustand des Systems abhängt, unabhängig davon, wie dieser Zustand erreicht wurde. Wichtige Zustandsgrößen sind:

- Innere Energie (U)
- Enthalpie (H)
- Entropie (S)
- Freie Energie (F)
- Freie Enthalpie (G)
- Pot. und kin. Energie (E)

Zustandsänderungen
Der Prozess als Ursache hat eine Zustandsänderung zur Folge. Beim Heben einer Masse wird Hubarbeit (**Prozessgröße**) verrichtet und hierbei die potenzielle Energie (**Zustandsgröße**) vergrößert. Zur Beschreibung von Zustandsänderungen benutzt man das Δ-Zeichen und bildet die Differenz zwischen dem Wert der entsprechenden Zustandsfunktion nach und vor der Umwandlung.

$$\Delta Y = \sum v_i Y_i \text{ (Produkte)} - \sum v_i Y_i \text{ (Edukte)}$$

ΔY Reaktionsgröße (Umwandlungsgröße)
Y_i Einzelgrößen des Endzustands (Produkte) und des Ausgangszustands (Edukte)
v_i stöchiometrischer Koeffizient

Zur Kennzeichnung von Zustandsänderungen werden spezielle Begriffe verwendet:

- isotherm (bei konstanter Temperatur)
- isochor (bei konstantem Volumen)
- isobar (bei konstantem Druck)
- isentrop (bei konstanter Entropie)

Vorzeichenkonvention

Die Werte von Zustandsgrößen beziehen sich ausschließlich auf stoffliche Systeme. Wird einem Stoff oder System Energie zugeführt, so erhöht sich dessen Energieinhalt.

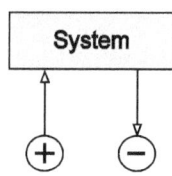

Jede dem System zugeführte Energie – gleich welcher Art – wird **positiv** gezählt. Die von einem System abgegebene Energie erhält dann ein **negatives** Vorzeichen.

Standardbedingungen

Viele physikalisch-chemische Daten werden für bestimmte Bedingungen tabelliert. Die **Standardwerte für Druck und Temperatur (SATP)** sind 298,15 K (= 25 °C) und 100 kPa (= 1 bar) und durch den **Index** $^\ominus$ gekennzeichnet.

Allgemeine Gaskonstante

$$R = \frac{p \cdot V}{n \cdot T}$$

p Druck
V Volumen
n Stoffmenge
T absolute Temperatur

Zahlenwert von R	Einheiten für:		
	pV	T^{-1}	n^{-1}
8,314 1	J = Nm	K^{-1}	mol^{-1}
8,314 1	kPa dm^3	K^{-1}	mol^{-1}
0,083 14	l bar	K^{-1}	mol^{-1}
2,309 5 · 10^{-6}	kWh	K^{-1}	mol^{-1}
62,58	mmHg l	K^{-1}	mol^{-1}

T.2 Erster Hauptsatz

Verändert sich ein geschlossenes System von einem Zustand in einen anderen auf beliebige Weise, so sind die ausgetauschte Wärme und Arbeit immer gleich der Änderung der Inneren Energie.

$$Q + W = (U_E - U_A) + (E_{E,pot} - E_{A,pot}) + (E_{E,kin} - E_{A,kin})$$

- W Arbeit
- Q Wärme
- U Innere Energie
- E_{pot} potenzielle Energie
- E_{kin} kinetische Energie
- A, E   Anfangszustand, Endzustand

Mechanische Arbeit

$$W_M = \int_A^E F(z)\,dz$$

- F Kraft
- dz Differenzial der Entfernung von A nach E

Sonderfall: $\quad W_M = F(z_E - z_A) \qquad F = \text{konst.}$

Volumenänderungsarbeit

$$W_V = -\int_A^E p\, dV$$

p   Druck im System
V   Volumen (A = Anfangszustand, E = Endzustand)

Sonderfälle: $\quad W_V = -p\,(V_E - V_A) \qquad p = \text{konst.}$
$\qquad\qquad\quad W_V = 0 \qquad\qquad\qquad\; V = \text{konst.}$

Reversibler Prozess
Unter einem reversiblen Vorgang versteht man in der Thermodynamik einen Vorgang, der durch **infinitesimale Änderung** einer Variablen umgekehrt werden kann. Es gilt für reversible Prozesse und ideale Gase und konstante Temperatur:

$$W_V = -n \cdot R \cdot T \cdot \ln(V_E/V_A)$$

W_V Volumenänderungsarbeit
n   Stoffmenge des Gases
R   allgemeine Gaskonstante
T   absolute Temperatur
V   Volumen (A = Anfangszustand, E = Endzustand)

Wärme
Wärme ist eine Prozessgröße, die immer von dem System höherer Temperatur zu dem System niedrigerer Temperatur übertragen wird. Sie wird stets mit dem ersten Hauptsatz

berechnet, wobei potenzielle und kinetische Energie in der Regel vernachlässigbar sind.

Sonderfälle: $W = 0$ $\quad Q = U_E - U_A$
$\qquad\qquad\;\; Q = 0$ $\quad W = U_E - U_A$
$\qquad\qquad\;\; T =$ konst. $Q + W = 0$

Wärmekapazität

Die Wärmekapazität hängt von der auf die Temperaturerhöhung bezogenen zugeführten Wärme und von den Bedingungen ab, unter denen dem System Wärme zugeführt wird.

$$C_V = \left(\frac{\Delta U}{\Delta T}\right)_V \quad \Delta V = 0 \qquad C_p = \left(\frac{\Delta H}{\Delta T}\right)_p \quad \Delta p = 0$$

C_V Wärmekapazität bei konstantem Volumen
C_p Wärmekapazität bei konstantem Druck
ΔU Änderung der Inneren Energie
ΔH Änderung der Enthalpie
ΔT Temperaturerhöhung

$$C_{m,V} = \frac{C_V}{n} \quad \Delta V = 0 \qquad C_{m,p} = \frac{C_p}{n} \quad \Delta p = 0$$

$C_{m,V}$ molare Wärmekapazität bei konstantem Volumen
$C_{m,p}$ molare Wärmekapazität bei konstantem Druck

Für ideale Gase gilt:

$$C_p - C_V = n \cdot R \quad \text{bzw.} \quad C_{m,p} - C_{m,V} = R$$

n   Stoffmenge
R   allgemeine Gaskonstante

Wärmekapazitäten einiger Stoffe bei 25 °C und 100 kPa

Substanz	$C_{m,v}$ in J K^{-1} mol^{-1}	$C_{m,p}$ in J K^{-1} mol^{-1}
Gase		
He, Ne, Ar, Kr, Xe	12,48	20,79
H_2	20,44	28,82
O_2	20,95	29,36
CO_2	28,46	37,11
Flüssigkeiten		
H_2O		75,29
CH_3OH		81,6
C_2H_5OH		111,5
C_6H_6		136,1
Festkörper		
Cu (s)		244,4
Fe (s)		25,1
SiO_2 (s)		44,4

Spezifische Wärmekapazitäten *c* in kJ K^{-1} kg^{-1}

Messing	0,38	Glycerin	2,43
Stahl	0,51	Meerwasser	3,93
Glas	0,78	Gummi	1,1 ... 1,2
Granit	0,82	Eis	2,0 ... 2,1

Enthalpie

$$H = U + p \cdot V$$

U   Innere Energie
p   Druck
V   Volumen

Für isobare Zustandsänderung ($p_A = p_E = p$) gilt:

$$\Delta H = \Delta U + p \, (V_E - V_A)$$

ΔU Änderung der Inneren Energie
ΔH Änderung der Enthalpie
$p \, \Delta V$ Volumenarbeit

Für chemische Prozesse wird $\Delta_R H$ als Reaktionsenthalpie bezeichnet (p = konst.). Hierbei gilt:

$\Delta_R H < 0$: **exotherme Reaktion**
(System gibt Energie an die Umgebung ab)
$\Delta_R H > 0$: **endotherme Reaktion**
(System nimmt Energie aus der Umgebung auf)

T.3 Standard-Enthalpien

Standard-Enthalpieänderungen
Die Enthalpieänderung einer Reaktion heißt **Reaktionsenthalpie** (Symbol $\Delta_R H$). Tabellarische Werte beziehen sich in der Regel auf Reaktionen, bei denen die Edukte und die Produkte jeweils in ihren Standardzuständen vorliegen.

Der **Standardzustand** einer reinen Substanz ist die bei einem Druck von 100 kPa und bei der angegebenen Temperatur stabilste Form. Üblicherweise werden thermodynamische Daten auf 298,15 K (= 25 °C) bezogen.

Als weitere Vereinbarung soll in der Reaktionsgleichung der **Aggregatzustand** einer Substanz mit aufgenommen werden.

Es wird „**s**" (solid) für fest, „**l**" (liquid) für flüssig und „**g**" (gaseous) für gasförmig verwendet.

Die **Standard-Reaktionsenthalpie** (Symbol $\Delta_R H^\ominus$) bezieht sich auf den oben definierten Standardzustand und stellt die Enthalpieänderung je Mol Umsatz dar, bezogen auf den Übergang der Edukte in die Produkte jeweils in ihren Standardzuständen.

Die **Standard-Bildungsenthalpie** (Symbol $\Delta_B H^\ominus$) einer Verbindung ist die Standardenthalpie der Reaktion, in der die Verbindung aus ihren Elementen in den Standardzuständen gebildet wird. $\Delta_B H^\ominus$ wird als Enthalpieänderung pro mol der Verbindung angegeben.

Satz von HESS

Die Reaktionsenthalpie eines Gesamtprozesses setzt sich, unabhängig von dem Weg, additiv aus den Reaktionsenthalpien der Einzelprozesse zusammen. Dies gilt auch für Phasenumwandlungen. Standard-Reaktionsenthalpien lassen sich aus Tabellenwerten für die Standard-Bildungsenthalpien berechnen. Dies ist möglich, weil die Enthalpie eine Zustandsfunktion ist und ihre Änderung nicht vom Weg zwischen dem Ausgangszustand (Edukte) und dem Endzustand (Produkte) abhängt.

$$\Delta_R H^\ominus \text{(Reaktionsweg 1)} = \Delta_R H^\ominus \text{(Reaktionsweg 2)}$$

Für die Reaktionsgleichung $\nu_A A + \nu_B B \rightarrow \nu_L L + \nu_M M$ kann man formal so vorgehen, dass die Edukte in die Elemente zerlegt und dann aus den Elementen die Produkte aufgebaut werden.

$$\Delta_R H^\ominus = [\nu_L \Delta_B H^\ominus(L) + \nu_M \Delta_B H^\ominus(M)] - [\nu_A \Delta_B H^\ominus(A) + \nu_B \Delta_B H^\ominus(B)]$$

$\Delta_R H^\ominus$ Standard-Reaktionsenthalpie
$\Delta_B H^\ominus(X)$ Standard-Bildungsenthalpie des Stoffes X
ν_i stöchiometrischer Koeffizient

KIRCHHOFFsches Gesetz

$$\Delta_R H^\ominus(T) = \Delta_R H^\ominus + \Delta c_p \Delta T$$

$\Delta_R H^\ominus(T)$ Standard-Reaktionsenthalpie bei der Temperatur T
$\Delta_R H^\ominus$ Standard-Reaktionsenthalpie bei 298,15 K
ΔC_p Differenz der Wärmekapazitäten von Produkten und Edukten
ΔT Temperaturdifferenz ($= T - 298{,}15$ K)
ν_i stöchiometrischer Koeffizient

$$\Delta C_p = \sum_{\text{Produkte}} \nu_i C_p \text{ (Produkte)} - \sum_{\text{Edukte}} \nu_i C_p \text{ (Edukte)}$$

T.4 Entropie und zweiter Hauptsatz

Reversible und irreversible Zustandsänderungen
Eine Zustandsänderung wird **reversibel** (umkehrbar) genannt, wenn ihre Richtung durch unendlich kleine Änderungen der Zustandsvariablen umgekehrt werden kann, ohne dass Veränderungen in der Umgebung auftreten.

Eine **irreversible** Zustandsänderung kann nur mit irgendwelchen Veränderungen in der Umgebung des betreffenden Systems rückgängig gemacht werden. Alle natürlichen und spontan verlaufenden Prozesse sind irreversibel.

$$|W_{irrev}| < |W_{rev}|$$

Die bei einem irreversiblen Prozess geleistete Arbeit W ist stets kleiner als die bei einer entsprechenden reversiblen Zustandsänderung. Nur bei reversiblen Zustandsänderungen wird **maximale Arbeit** geleistet.

Zweiter Hauptsatz

Die Entropie ist ein Maß für die Verteilung von Materie und Energie. Sie ist damit ein Stabilitätskriterium für ein System.

$$\Delta S_{rev} = 0 \qquad \Delta S_{irrev} > 0$$

Die Gesamtentropie aus System und Umgebung bleibt bei einem reversiblen Prozess konstant und nimmt nur bei einem irreversiblen Prozess zu. Bei allen freiwillig (spontan) ablaufenden Zustandsänderungen vergrößert sich somit die Gesamtentropie.

$\Delta S_{ges} > 0$: **irreversibler Prozess** (kann freiwillig ablaufen)
$\Delta S_{ges} = 0$: **reversibler Prozess** (System und Umgebung stehen ständig miteinander im Gleichgewicht)
$\Delta S_{ges} < 0$: dieser Vorgang tritt niemals ein.

ΔS_{ges} gesamte Entropieänderung des Systems ΔS und der Umgebung ΔS_{Umg} ($\Delta S_{ges} = \Delta S + \Delta S_{Umg}$)

Entropie

Die Entropie eines Systems kann sich durch Wärmetransport Q und Entropieerzeugung infolge Dissipation ψ ändern.

$$\Delta S = \int \frac{dQ}{T} + \int \frac{d\psi}{T}$$

Die Entropieänderung eines Systems bei einem isothermen Prozess ist gleich der reversibel umgesetzten Wärmemenge, bezogen auf die Temperatur, bei der der Wärmeaustausch stattfindet.

$$\Delta S = \frac{Q_{rev}}{T}$$

ΔS Entropieänderung in einem System
Q_{rev} reversibel ausgetauschte Wärmemenge
T absolute Temperatur

Entropieänderung der Umgebung

Allgemein wird bei einer Reaktion mit der Reaktionsenthalpie $\Delta_R H$, reversible Übertragung der Wärme unterstellt, an die Umgebung die Wärmemenge $Q_{Umg} = -\Delta_R H$ abgegeben.

$$\Delta S_{Umg} = -\frac{\Delta_R H}{T}$$

$\Delta_R H$ Reaktionsenthalpie
T absolute Temperatur ($T_{Umg} = T_{Sys}$)

Volumenabhängigkeit der Entropie

$$\Delta S = n \cdot R \cdot \ln \frac{V_E}{V_A}$$

- ΔS Entropieänderung in einem System bei isothermer Expansion eines idealen Gases
- n Stoffmenge des Gases
- R allgemeine Gaskonstante
- V Volumen vor (A) und nach (E) der Expansion

Temperaturabhängigkeit der Entropie

$$\Delta S = C_V \cdot \ln \frac{T_E}{T_A} \qquad dS = \frac{dQ_{rev}}{T} = \frac{C_V dT}{T}$$

- ΔS Entropieänderung in einem System bei konstantem Volumen
- C_V Wärmekapazität bei konstantem Volumen
- T absolute Temperatur vor (A) und nach (E) der Erwärmung
- Q_{rev} reversibel ausgetauschte Wärmemenge

Falls die Temperaturabhängigkeit der Wärmekapazität berücksichtigt werden muss, so ist bei der Auftragung von C_V/T gegen T das Flächenintegral unter der Kurve zwischen T_A und T_E zu verwenden.

Absolute Entropie

$$S = S(0) + \Delta S(T)$$

74 Thermodynamik

S Entropie einer Substanz bei der Temperatur T
$S(0)$ Entropie einer ideal kristallisierten Substanz am absoluten Nullpunkt [$S(0) = 0$]
$\Delta S(T)$ Entropieänderung von $T = 0$ bis T

Es ist üblich, unter Standardbedingungen die Entropie eines Mols der betreffenden Substanz als molare **Standard-Entropie** $S_m^\ominus$ anzugeben.

Entropieänderung bei einem Phasenübergang

$$\Delta_P S_m = \frac{Q_{rev}}{T} = \frac{\Delta_P H_m}{T_P}$$

$\Delta_P S_m$ molare Phasenumwandlungsentropie
Q_{rev} reversibel ausgetauschte Wärme
$\Delta_P H_m$ molare Phasenumwandlungsenthalpie
T_P Phasenumwandlungstemperatur

Die Entropie einer Substanz verändert sich bei einer Phasenumwandlung. Ist z. B. ein Festkörper seiner Schmelztemperatur ausgesetzt, so lassen sich die beiden entgegengesetzten Vorgänge, Schmelzen und Erstarren, hervorrufen. Dies entspricht im thermodynamischen Sinn der Reversibilität.

Molare Schmelz- bzw. Verdampfungsenthalpien

	T_S in K	$\Delta_S H_m$ in kJ mol^{-1}	T_V in K	$\Delta_V H_m$ in kJ mol^{-1}
Elemente				
He	3,5	0,021	4,22	0,084
Ar	83,81	1,188	87,29	6,51
Xe	161	2,30	165	12,6
H_2	13,96	0,117	20,38	0,916
N_2	63,15	0,719	77,35	5,586

Entropie und zweiter Hauptsatz

	T_S in K	$\Delta_s H_m$ in kJ mol^{-1}	T_V in K	$\Delta_V H_m$ in kJ mol^{-1}
O_2	54,36	0,444	90,18	6,820
F_2	53,6	0,26	85,0	3,16
Cl_2	172,1	6,41	239,1	20,41
Br_2	265,9	10,57	332,4	29,45
I_2	386,8	15,52	458,4	41,80
Na	371,0	2,601	1156	98,01
Ag	1234	11,30	2426	250,6
Anorganische Verbindungen				
H_2O	273,15	6,008	373,15	40,656
H_2S	187,6	2,377	212,8	18,67
NH_3	195,4	5,652	239,7	23,35
CO_2	217,0	8,33	194,6	25,23 (s)
CS_2	161,2	4,39	319,4	26,74
H_2SO_4	283,5	2,56		
Organische Verbindungen				
CH_4	90,68	0,941	11,7	8,18
C_2H_6	89,85	2,86	184,6	14,7
C_6H_6	278,6	10,59	353,2	30,8
CH_3OH	175,2	3,16	337,2	35,27
C_2H_5OH	156	4,60	352	43,5

Die Daten gelten für die Schmelz- bzw. Siedetemperatur.

TROUTONsche Regel

$$\frac{\Delta_V H_m}{T_V} = \Delta_V S_m \approx 88 \pm 4 \text{ J mol}^{-1}\text{K}^{-1}$$

$\Delta_V H_m$ molare Verdampfungsenthalpie
$\Delta_V S_m$ molare Verdampfungsentropie
T_V Verdampfungstemperatur

Standard-Reaktionsentropie

$$\Delta_R S^\ominus = \sum_{\text{Produkte}} \nu_i\, S^\ominus(\text{Produkte}) - \sum_{\text{Edukte}} \nu_i\, S^\ominus(\text{Edukte})$$

$S_m^\ominus(X)$ molare Standard-Entropie
ν_i stöchiometrischer Koeffizient

Standard-Bildungsentropie

$$\Delta_B S^\ominus = S_m^\ominus(X) - \sum \nu_i\, S^\ominus(E)$$

$S_m^\ominus(X)$ molare Standard-Bildungsentropie
$S_m^\ominus(E)$ Standard-Entropie eines Elementes
ν_i stöchiometrischer Koeffizient

T.5 Freie Energie und Freie Enthalpie

Freie Energie

Die von HELMHOLTZ eingeführte temperaturabhängige Zustandsfunktion Freie Energie stellt den Anteil am Energieinhalt eines Stoffes (geschlossenes System) dar, der bei reversibler Prozessführung frei wird und in jede beliebige andere Energieform umgewandelt werden kann (Exergie).

$$F = U - T \cdot S$$

U Innere Energie
T absolute Temperatur
S Entropie

Freie Enthalpie

Die von GIBBS eingeführte temperaturabhängige Zustandsfunktion Freie Enthalpie entspricht dem Anteil an Enthalpie eines Stoffes (offenes Systems), der bei reversibler Prozessführung frei wird und in jede andere Energieform umwandelbar ist (Exergie).

$$G = H - T \cdot S = F + p \cdot V$$

- H Enthalpie
- T absolute Temperatur
- S Entropie
- F Freie Energie
- p Druck
- V Volumen

GIBBS-HELMHOLTZ-Gleichung

$$\Delta_R G = \Delta_R H - T \cdot \Delta_R S$$

- $\Delta_R G$ Freie Reaktionsenthalpie
- $\Delta_R H$ Reaktionsenthalpie
- T absolute Temperatur
- $\Delta_R S$ Reaktionsentropie

Dieser Zusammenhang gilt für isotherm-isobar durchgeführte Zustandsänderungen. Alle Größen der Gleichung ($\Delta_R G$, $\Delta_R H$, $T \cdot \Delta_R S$) sind Energiegrößen und beziehen sich nur auf die Änderungen im System. Änderungen in der Umgebung müssen nicht betrachtet werden.

$$\Delta_R G = -T \cdot \Delta S_{ges}$$

$\Delta_R G$ Freie Reaktionsenthalpie des Systems
T absolute Temperatur
ΔS_{ges} gesamte Entropieänderung ($\Delta S_{ges} = \Delta S_{Sys} + \Delta S_{Umg}$)

Freie Standard-Reaktionsenthalpie
Die Freie Standard-Reaktionsenthalpie ist die Änderung der Freien Enthalpie bei der Umsetzung von Edukten zu Produkten jeweils in ihren Standardzuständen.

$$\Delta_R G^\Theta = \underset{\text{Produkte}}{\sum \nu_i G_m^{\Theta}(\text{Produkte})} - \underset{\text{Edukte}}{\sum \nu_i G_m^{\Theta}(\text{Edukte})}$$

$\Delta_R G^\Theta$ Freie Standard-Reaktionsenthalpie
$G_m^\Theta(X)$ molare Freie Standard-Enthalpie
ν_i stöchiometrischer Koeffizient

Freie Standard-Bildungsenthalpie
Die Freie Standard-Bildungsenthalpie $\Delta_B G^\Theta$ einer Verbindung ist die Änderung der Freien Enthalpie pro Mol Substanz bei der Bildung der Verbindung aus den Elementen, wobei sich alle Substanzen bei der angegebenen Temperatur in ihren Standardzuständen befinden.

Standard-Enthalpien und -Entropien von anorganischen Stoffen

Substanz	Formel	Bildungsenthalpie $\Delta_B H^\Theta$ in kJ mol^{-1}	Freie Bildungsenthalpie $\Delta_B G^\Theta$ in kJ mol^{-1}	Entropie S^Θ in J K^{-1} mol^{-1}
Ammoniak	NH$_3$ (g)	$-46,1$	$-16,5$	192,5
Ammoniumnitrat	NH$_4$NO$_3$ (s)	$-365,6$	$-183,9$	151,1
Blei	Pb (s)	0,0	0,0	64,8
Calciumoxid	CaO (s)	$-635,1$	$-604,1$	39,8

Freie Energie und Freie Enthalpie

Substanz	Formel	Bildungs-enthalpie $\Delta_B H^\ominus$ in kJ mol^{-1}	Freie Bildungs-enthalpie $\Delta_B G^\ominus$ in kJ mol^{-1}	Entropie $S^\ominus$ in J K^{-1} mol^{-1}
Chlorwasserstoff	HCl (g)	− 92,3	− 95,3	186,9
Diamant	C (s)	+ 1,9	+ 2,9	2,4
Distickstoffoxid	N_2O (g)	+ 82,1	+ 104,2	219,9
Distickstofftetroxid	N_2O_4 (g)	+ 9,2	+ 97,9	304,3
Eisen-(III)-oxid	Fe_2O_3 (s)	− 824,2	− 742,2	87,4
Fluorwasserstoff	HF (g)	− 271,1	− 273,2	173,8
Graphit	C (s)	0,0	0,0	5,7
Iodwasserstoff	HI (g)	+ 26,5	+ 1,7	206,6
Kohlenstoffdioxid	CO_2 (g)	− 393,5	− 394,4	213,7
Kohlenstoffmonoxid	CO (g)	− 110,5	− 137,2	197,7
Kupfer	Cu (s)	0,0	0,0	33,2
Magnesium-carbonat	$MgCO_3$ (s)	− 1095,8	− 1012,1	65,7
Magnesiumoxid	MgO (s)	− 601,7	− 569,4	26,9
Natriumchlorid	NaCl (s)	− 411,2	− 384,1	72,1
Salpetersäure	HNO_3 (l)	− 174,1	− 80,7	155,6
	HNO_3 (aq)	− 207,4	− 111,3	146,4
Salzsäure	HCl (g)	− 167,2	− 131,2	56,5
Sauerstoff	O_2 (g)	0,0	0,0	205,1
Schwefeldioxid	SO_2 (g)	− 296,8	− 300,2	248,2
Schwefel-kohlenstoff	CS_2 (l)	+ 89,7	+ 65,3	151,3
Schwefelsäure	H_2SO_4 (l)	− 814,0	− 690,0	156,9
	H_2SO_4 (aq)	− 909,3	− 744,5	20,1
Schwefeltrioxid	SO_3 (g)	− 395,7	− 371,1	256,8
Schwefel-wasserstoff	H_2S (g)	− 20,6	− 33,6	205,8
Silberchlorid	AgCl (s)	− 127,1	− 109,8	96,2
Stickstoff	N_2 (g)	0,0	0,0	191,6
Stickstoffdioxid	NO_2 (g)	+ 33,2	+ 51,3	240,1
Stickstoffmomoxid	NO (g)	+ 90,3	+ 86,6	210,8
Wasser	H_2O (l)	− 285,8	− 237,1	69,9

Substanz	Formel	Bildungs-enthalpie $\Delta_B H^\ominus$ in kJ mol^{-1}	Freie Bildungs-enthalpie $\Delta_B G^\ominus$ in kJ mol^{-1}	Entropie $S^\ominus$ in J K^{-1} mol^{-1}
Wasser	H$_2$O (g)	−241,8	−228,6	188,8
Wasserstoff	H$_2$ (g)	0,0	0,0	130,7
Zinn (weiß)	Sn (s)	0,0	0,0	51,6
Zinn (grau)	Sn (s)	−2,1	0,1	44,1

Standard-Enthalpien und -Entropien von organischen Stoffen

Substanz	Formel	Bildungs-enthalpie $\Delta_B H^\ominus$ in kJ mol^{-1}	Freie Bildungs-enthalpie $\Delta_B G^\ominus$ in kJ mol^{-1}	Entropie $S^\ominus$ in J K^{-1} mol^{-1}
Benzen	C$_6$H$_6$ (l)	+49,0	+124,3	173,3
Benzoesäure	C$_6$H$_5$COOH (s)	−385,1	−245,3	167,6
Ethan	C$_2$H$_6$ (g)	84,7	−32,8	229,6
Ethen	C$_2$H$_4$ (g)	+52,3	+68,2	219,6
Ethanol	C$_2$H$_5$OH (l)	−277,7	−174,8	160,7
Glucose	C$_6$H$_{12}$O$_6$ (s)	−1268,0	−910,0	212,0
Harnstoff	CO(NH$_2$)$_2$ (s)	−333,5	−197,3	104,6
Methan	CH$_4$ (g)	−74,8	−50,7	186,3
Methanol	CH$_3$OH (l)	−238,9	−166,3	126,8
Octan	C$_8$H$_{18}$ (l)	−249,9	+6,4	358,0
Phenol	C$_6$H$_5$OH (s)	−164,6	−50,4	144,0
Propan	C$_3$H$_8$ (g)	−103,9	23,5	270,2
Saccharose	C$_{12}$H$_{22}$O$_{11}$ (s)	−2222,0	−1545,0	360,0

Reaktionsrichtung

Bei chemischen Reaktionen, die in geschlossenen Systemen unter isotherm-isobaren Bedingungen ablaufen, lassen sich hinsichtlich der Reaktionsrichtung drei Fälle unterscheiden.

$\Delta_R G^\ominus < 0$	Die Reaktion läuft freiwillig (spontan) ab und wird **exergonisch** genannt. Die Freie Enthalpie nimmt ab und steht für die Leistung von Nutzarbeit zur Verfügung.
$\Delta_R G^\ominus = 0$	Edukte und Produkte befinden sich nebeneinander im chemischen **Gleichgewicht**.
$\Delta_R G^\ominus > 0$	Die Reaktion läuft nicht freiwillig ab und wird **endergonisch** genannt. Dies bedeutet jedoch nicht, dass überhaupt keine Produkte entstehen können.

Eine Reaktion verläuft umso vollständiger, je größer der Absolutbetrag von ΔG bei negativem Vorzeichen ist. Freiwillig verlaufen Prozesse nur in Richtung einer Verminderung der Freien Enthalpie. **Vorzeichen und Größe von $\Delta_R G$ sind somit ein Maß für die Triebkraft einer chemischen Reaktion**. Die Änderung der Freien Enthalpie ist abhängig von Druck, Temperatur und der chemischen Zusammensetzung.

Chemisches Potenzial

$$\mu = \left(\frac{\partial G}{\partial n_i}\right) \quad p, T, n_{j-1} = \text{konst.}$$

- G Freie Enthalpie
- n Stoffmenge
- p Druck
- T absolute Temperatur

Chemisches Potenzial für Reinstoffe

$$\mu = G_m = H_m - T \cdot S_m$$

G_m molare Freie Enthalpie
H_m molare Enthalpie
S_m molare Entropie
T absolute Temperatur

Chemisches Potenzial in Mischphasen

$$\mu_i = \mu_i^{\ominus} + R \cdot T \cdot \ln a_i$$

$\mu_i^{\ominus}$ Chemisches Standard-Potenzial einer Komponente
a_i Aktivität einer Komponente
R allgemeine Gaskonstante
T absolute Temperatur

C Chemische Reaktionen und Gleichgewichte

C.1 Mehrstoffsysteme und Lösungen

Stoffmenge

$$n_i = \frac{m_i}{M(X)}$$

m_i Masse einer Stoffportion
$M(X)$ molare Masse von X

Ein Mol ist die Stoffmenge einer Substanz X, in der so viele Teilchen enthalten sind wie Atome in 12 g des Kohlenstoffnuklids ^{12}C. Die betrachteten Teilchen können Atome, Moleküle, Ionen, Elektronen oder Formeleinheiten sein. Die Teilchenanzahl, die ein Mol eines jeden Stoffes enthält, beträgt $N_A = 6{,}022\,136\,7(4) \cdot 10^{23}\,\text{mol}^{-1}$. Sie wird als AVOGADRO-Konstante bezeichnet.

Äquivalentstoffmenge

$$n(eq) = \frac{m_i \cdot z}{M(X)}$$

m_i Masse einer Stoffportion
$M(X)$ molare Masse von X
z Äquivalentzahl

Molare Masse

$$M(X) = \frac{m_i}{n_i}$$

m_i Masse einer Stoffportion
n_i Stoffmenge einer Stoffportion

Relative Molekülmasse

Die relative Molekülmasse eines Stoffes ist gleich der Summe der relativen Atommassen der in einem Molekül enthaltenen Atome, jeweils multipliziert mit der Anzahl, mit der sie in der Verbindung auftreten. Besteht ein Stoff nicht aus Molekülen, so wird der Begriff **Formelmasse** verwendet.

$$M_r = \sum_{i=1}^{j} z_i \cdot A_{r,i}$$

$A_{r,i}$ Relative Atommasse
z_i Anzahl der Atome in einer Verbindung

Massenkonzentration

$$\beta_i = \frac{m_i}{V}$$

m_i Masse der Stoffportion
V Volumen der Lösung

Stoffmengenkonzentration

$$c_i = \frac{n_i}{V}$$

n_i Stoffmenge der Stoffportion

V Volumen der Lösung

Äquivalentkonzentration

$$c(\text{eq}) = \frac{n(\text{eq})}{V} = c_i \cdot z$$

$n(\text{eq})$ Äquivalentstoffmenge
V Volumen der Lösung
c_i Stoffmengenkonzentration
z Äquivalentzahl

Die Äquivalentkonzentration eines Stoffes, bezogen auf einen Liter Lösung, wurde früher **Normalität** genannt und mit N abgekürzt.

Aktivität

Aufgrund interionischer Wechselwirkung bei konzentrierten Lösungen ist die „**wirksame Konzentration**" oder Aktivität der Lösung kleiner als die tatsächliche Konzentration. Die Abweichungen sind um so größer, je höher die Konzentrationen der Stoffe sind. Bei gelösten Nichtelektrolyten erstreckt sich die Übereinstimmung zwischen Konzentration und Aktivität in einen wesentlich höheren Konzentrationsbereich.

$$a = f \frac{c}{c^{\ominus}}$$

a Aktivität einer Lösung
f Aktivitätskoeffizient
c Stoffmengenkonzentration
$c^{\ominus}$ Standard-Stoffmengenkonzentration ($c^{\ominus} = 1 \text{ mol l}^{-1}$)

Stoffmengenanteil

$$x_i = \frac{n_i}{\sum_{j=1}^{k} n_j}$$

n_i Stoffmenge der Stoffportion
n_j Stoffmenge der Komponenten

Die Angabe des Stoffmengenanteils erfolgt durch eine Größengleichung; z. B. $x(HCl) = 0{,}12$ oder Mol-Prozent (=12 mol.-%). Die Summe aller Stoffmengenanteile in einer Lösung beträgt 1.

Massenanteil

$$w_i = \frac{m_i}{\sum_{j=1}^{k} m_j}$$

m_i Masse der Stoffportion
m_j Masse der Komponenten

Die Angabe des Massenanteils erfolgt durch eine Größengleichung; z. B. $w(HCl) = 0{,}25$ oder Massen- bzw. Gewichts-Prozent (=25 Gew.-%). Die Summe aller Massenanteile in einer Lösung beträgt 1.

Volumenanteil

$$\chi_i = \frac{V_i}{\sum_{j=1}^{k} V_j}$$

V_i Volumen der Stoffportion
V_j Volumen der Komponenten

Die Angabe des Volumenanteils erfolgt durch eine Größengleichung; z. B. $\chi(H_2) = 0,15$ oder Volumen-Prozent (= 15 Vol.-%). Der Volumenanteil wurde früher **Volumenbruch** genannt. Die Summe der Volumenanteile einer Lösung beträgt 1.

Molalität

$$b_i = \frac{n_i}{m(\text{Lsgm})}$$

n_i Stoffmenge der Stoffportion
$m(\text{Lsgm})$ Masse des Lösungsmittels

Ionenstärke

$$I = \frac{1}{2}\sum_{j=1}^{k}\left(b_j / b^{\ominus}\right) z_j^{\,2} = k\,\frac{b_j}{b^{\ominus}}$$

b_j Molalität der Ionenarten
$b^{\ominus}$ Standardmolalität ($b^{\ominus} = 1\ \text{mol kg}^{-1}$)
z_j Ionenladungszahl (elektrochemische Wertigkeit des Elektrolyten)
k Faktor (hängt vom Valenztyp der Ionen ab)

k	X^{1-}	X^{2-}	X^{3-}	X^{4-}
M^+	1	3	6	10
M^{2+}	3	4	15	12
M^{3+}	6	15	9	42
M^{4+}	10	12	42	16

So ist z. B. die Ionenstärke des Salzes M_2X_3 (d.h. $2M^{3+}$, $3X^{2-}$) mit der Molalität b durch $15\,b/b^{\ominus}$ gegeben.

Mischungskreuz

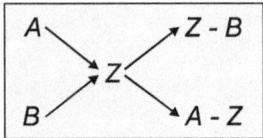

- *A, B* Gehalt der Lösung A bzw. B ($A > Z > B$)
- *Z* Gehalt der gewünschten Lösung Z
- *Z – B* benötigter Anteil der Lösung A
- *A – Z* benötigter Anteil der Lösung B

Herstellung verdünnter Säuren und Basen

$$V = \frac{M(X) \cdot c(\text{eq})}{\rho \cdot w}$$

- *V* Volumen der konz. Säure bzw. Base in ml l^{-1} Lösung
- *M(X)* molare Masse der Säure bzw. Base in g mol^{-1}
- *c(eq)* gewünschte Äquivalentkonzentration in mol l^{-1}
- *ρ* Dichte der konz. Säure bzw. Base in g cm^{-3}
- *w* Massenanteil der konz. Säure bzw. Base

Bei der Formel handelt es sich nicht um eine Größengleichung, bei der die Einheiten stimmen.

C.2 Stöchiometrische Berechnungen

Gesetz von der Erhaltung der Masse (LAVOISIER)
Bei allen chemischen Umsetzungen bleibt die Gesamtmasse der an der Reaktion beteiligten Stoffe konstant.

Gesetz der konstanten Proportionen (PROUST)
Vereinigen sich mehrere Elemente zu einer Verbindung, so tun sie dies unter Wahrung eines konstanten Massenverhältnisses. Alle Proben einer Verbindung enthalten die beteiligten Elemente in einer konstanten Zusammensetzung.

Gesetz der multiplen Proportionen (DALTON)
Bilden zwei Elemente mehrere Verbindungen, dann stehen die Massen des einen Elements, die mit einer festgelegten Masse des anderen Elements reagieren, im Verhältnis ganzer Zahlen zueinander.

Reaktionsgleichungen

$$\nu_A\,A + \nu_B\,B \rightarrow \nu_L\,L + \nu_M\,M + \text{Energie}$$

Eine Gleichung beschreibt eine chemische Reaktion nicht nur **qualitativ** (aus ν_A Molekülen des Stoffes A und ν_B Molekülen des Stoffes B entstehen ν_L Moleküle L und ν_M Moleküle M), sondern auch **quantitativ** den theoretisch möglichen Stoffumsatz unter Berücksichtigung der stöchiometrischen Koeffizienten ν_A, ν_B, ν_L und ν_M sowie der relativen Atom- bzw. Molekülmassen von A, B, L und M.

Berechnung von empirischen Formeln

$$x = \frac{a}{A_r(A)} \quad y = \frac{b}{A_r(B)} \quad z = \frac{c}{A_r(C)}$$

Die quantitative Analyse einer chemischen Verbindung mit der Formel $A_xB_yC_z$ hat eine Zusammensetzung von a % A,

b % B und c % C. Dividiert man die Massenanteile (in %) durch die relativen Atommassen A_r der betreffenden Elemente A, B und C erhält man das Atomzahlenverhältnis der unbekannten Verbindung. Dieses wird nach dem Gesetz der multiplen Proportionen in ganze Zahlen $x:y:z$ umgewandelt.

C.3 Massenwirkungsgesetz und Gleichgewichtslage

Gleichgewichtszustand

$$v_A\, A + v_B\, B \rightarrow v_L\, L + v_M\, M$$

A, B Ausgangsstoffe (Edukte) mit den stöchiometrischen Koeffizienten v_A und v_B
L, M Produkte mit den stöchiometrischen Koeffizienten v_L und v_M

Die Erfahrung lehrt, dass im Allgemeinen keine vollständige Umwandlung der Edukte in die Produkte stattfindet, unabhängig davon, wie lange man die Reaktion ablaufen lässt. Die Reaktion endet in einem **Gleichgewichtszustand**, in dem alle an der Reaktion beteiligten Stoffe vorhanden sind. Ein System befindet sich im Gleichgewicht, wenn in ihm unter den gegebenen Bedingungen kein freiwilliger, irreversibler Stoff- und Energietransport mehr erfolgt.

Kinetische Gleichgewichtsbedingung

$$\begin{aligned} v &= v_{Hin} - v_{Rück} \\ &= k_{Hin} \cdot c^{v_A}(A) \cdot c^{v_B}(B) - k_{Rück} \cdot c^{v_L}(L) \cdot c^{v_M}(M) = 0 \end{aligned}$$

Massenwirkungsgesetz und Gleichgewichtslage

v Gesamtreaktionsgeschwindigkeit
v_{Hin} Geschwindigkeit der Hinreaktion
       (v_A A + v_B B $\rightarrow$ v_L L + v_M M)
$v_{Rück}$ Geschwindigkeit der Rückreaktion
       (v_L L + v_M M $\rightarrow$ v_A A + v_B B)
k_{Hin} Geschwindigkeitskonstante der Hinreaktion
$k_{Rück}$ Geschwindigkeitskonstante der Rückreaktion
$c(X)$ Stoffmengenkonzentration der Stoffe (A, B, L, M) mit
       den stöchiometrischen Koeffizienten (v_A, v_B, v_L, v_M)

Kinetisch ist der Gleichgewichtszustand reversibler chemischer Reaktionen dadurch gekennzeichnet, dass die Hin- und Rückreaktionen mit gleicher Geschwindigkeit verlaufen. Es findet scheinbar keine Reaktion mehr statt (v = 0). Im Gleichgewichtszustand bleiben die Konzentrationen aller Reaktanten gleich.

Thermodynamische Gleichgewichtsbedingung

$$\Delta G = 0 \quad \text{und} \quad \Delta S = 0$$

ΔG Änderung der Freien Enthalpie einer Reaktion
ΔS Entropieänderung einer Reaktion

Der Gleichgewichtszustand einer isotherm-isobar verlaufenden Reaktion ist durch den **Maximalwert der Entropie** (abgeschlossenes System) und den **Minimalwert der Freien Enthalpie** gekennzeichnet.

Massenwirkungsgesetz MWG (GULDBERG und WAAGE)

$$K_c = \frac{k_{Hin}}{k_{Rück}} = \frac{c^{v_L}(L) \cdot c^{v_M}(M)}{c^{v_A}(A) \cdot c^{v_B}(B)}$$

K_c Gleichgewichtskonstante

92 Chemische Reaktionen und Gleichgewichte

k_{Hin} Geschwindigkeitskonstante der Hinreaktion
$k_{Rück}$ Geschwindigkeitskonstante der Rückreaktion
$c^{v_x}(X)$ Stoffmengenkonzentration des Stoffes X, jeweils potenziert mit dem stöchiometrischen Koeffizienten v_X

Die temperaturabhängige Gleichgewichtskonstante K_c ist ein quantitatives Maß für den Stoffumsatz einer chemischen Reaktion. K_c ist unabhängig von den Konzentrationen der Edukte und Produkte.

$$K_p = \frac{p^{v_L}(L) \cdot p^{v_M}(M)}{p^{v_A}(A) \cdot p^{v_B}(B)} = K_c \cdot (R \cdot T)^{\sum v_x}$$

K_p Gleichgewichtskonstante bei Reaktionen, an denen Gase beteiligt sind
$p^{v_x}(X)$ Partialdrücke des Stoffes X, jeweils potenziert mit dem stöchiometrischen Koeffizienten v_X
R allgemeine Gaskonstante
T absolute Temperatur
$\sum v_x$ Summe der stöchiometrischen Koeffizienten

pK-Wert

$$pK = -\log K \quad \text{bzw.} \quad K = 10^{-pK}$$

pK Gleichgewichtsexponent
K Gleichgewichtskonstante

Massenwirkungsgesetz bei gekoppelten Reaktionen

$$v_A A + v_B B \underset{}{\overset{K_1}{\rightleftharpoons}} [v_C C + v_D D] \underset{}{\overset{K_2}{\rightleftharpoons}} [v_E E + v_F F] \underset{}{\overset{K_3}{\rightleftharpoons}} v_L L + v_M M$$

Edukte   Zwischenprodukte   Produkte

Massenwirkungsgesetz und Gleichgewichtslage

$$K_{Ges} = K_1 \cdot K_2 \cdot K_3 = \frac{c^{v_L}(L) \cdot c^{v_M}(M)}{c^{v_A}(A) \cdot c^{v_B}(B)}$$

K_{Ges} Gleichgewichtskonstante der Gesamtreaktion
K_{1-3} Gleichgewichtskonstante der Teilreaktionen
$c^{v_x}(X)$ Stoffmengenkonzentration des Stoffes X, jeweils potenziert mit dem stöchiometrischen Koeffizienten v_X

Demgegenüber werden die Freien Reaktionsenthalpien der Teilreaktionen zur **Freien Reaktionsenthalpie der Gesamtreaktion** addiert.

VAN'T HOFF-Gleichung

$$\frac{d(\ln K)}{dT} = \frac{\Delta_R H^\ominus}{R \cdot T^2}$$

K Gleichgewichtskonstante
T absolute Temperatur
R allgemeine Gaskonstante
$\Delta_R H^\ominus$ Standard-Reaktionsenthalpie

Die VAN'T HOFF-Gleichung zeigt, dass im wesentlichen $\Delta_R H^\ominus$ die Temperaturabhängigkeit der Gleichtgewichtskonstanten bestimmt. Bei endothermen Reaktionen ($\Delta_R H^\ominus > 0$) nimmt K mit steigenden Temperaturen zu, während sie bei exothermen Reaktionen ($\Delta_R H^\ominus < 0$) mit steigender Temperatur abnimmt.

Druckabhängigkeit von K

$$\frac{d(\ln K)}{dp} = \frac{\Delta V}{R \cdot T}$$

Chemische Reaktionen und Gleichgewichte

K Gleichgewichtskonstante
p Druck
ΔV Änderung des Reaktionsvolumens
T absolute Temperatur
R allgemeine Gaskonstante

Prinzip von LE CHATELIER

Wird auf ein im Gleichgewicht befindliches System ein Zwang ausgeübt, so verschiebt sich das Gleichgewicht, indem es dem äußeren Zwang ausweicht. Es stellt sich ein neues Gleichgewicht mit reduziertem Zwang ein.

Konzentrationsänderung: Die Erhöhung der Konzentration eines Eduktes bewirkt eine Verschiebung des Gleichgewichtes zugunsten der Produkte. Auch die Entfernung eines Produktes verlagert das Gleichgewicht auf die Produktseite.

Druckänderung: Eine Druckerhöhung bewirkt eine Veränderung der Gleichgewichtslage in Richtung der volumenreduzierten Reaktion. Das Gleichgewicht wird stets auf die Seite der Reaktionsgleichung mit der geringeren Anzahl von Molekülen verschoben.

Temperaturänderung: Eine Temperaturerhöhung begünstigt endotherme, eine Temperaturabsenkung exotherme Prozesse.

C.4 Säure-Base-Gleichgewichte

Säure-Base-Begriffe nach BRØNSTED

$$HA \rightleftharpoons H^+ + A^-$$
Säure Proton korr. Base

Säuren sind Stoffe, die Protonen abgeben können (**Protonendonatoren**), wobei eine korrespondierende Base (Säurerest) zurückbleibt. Basen sind Stoffe, die Protonen anlagern können (Protonenakzeptoren) und dabei ihre korrespondierende Säure bilden.

$$\underset{\text{Base}}{B^-} + \underset{\text{Proton}}{H^+} \rightleftharpoons \underset{\text{korr. Säure}}{BH^+}$$

Ionenprodukt des Wassers
Die Eigendissoziation von reinem Wasser wird häufig als Autoprotolyse formuliert: $H_2O + H_2O \rightleftharpoons H_3O^+ + OH^-$.

$$K_W = c(H_3O^+) \cdot c(OH^-) \quad pK_W = -\log K_W$$

K_W Ionenprodukt des Wassers [$= K_c \cdot c(H_2O) =$ konst.]
$c(H_3O^+)$ Stoffmengenkonzentration der Hydronium-Ionen
$c(OH^-)$ Stoffmengenkonzentration der Hydroxid-Ionen
pK_w Ionenexponent des Wassers = 14 (bei 22 °C)

pH-Wert und pOH-Wert

$$pH = -\log \frac{a(H_3O^+)}{c^\ominus} \approx -\log \frac{c(H_3O^+)}{c^\ominus}$$

$$pOH = -\log \frac{a(OH^-)}{c^\ominus} \approx -\log \frac{c(OH^-)}{c^\ominus}$$

$a(X)$ Aktivität der Hydronium- bzw. Hydroxid-Ionen
$c(X)$ Stoffmengenkonzentration der Hydronium- bzw. Hydroxid-Ionen
$c^\ominus$ Standard-Stoffmengenkonzentration (= 1 mol l^{-1})

$$\boxed{\text{pH} + \text{pOH} = 14 \quad t = 22\,°C}$$

saure Lösung: $\quad a(H_3O^+) > 10^{-7} > a(OH^-)$
$\Rightarrow \text{pH} < 7 < \text{pOH}$

neutrale Lösung: $\quad a(H_3O^+) = 10^{-7} = a(OH^-)$
$\Rightarrow \text{pH} = 7 = \text{pOH}$

alkalische Lösung: $\quad a(H_3O^+) < 10^{-7} < a(OH^-)$
$\Rightarrow \text{pH} > 7 > \text{pOH}$

Die konventionelle pH-Skala wird durch verschiedene Standard-Pufferlösungen realisiert. Eine Messung des pH-Wertes erfolgt entweder potentiometrisch (pH-Elektrode) oder kolorimetrisch (visuell) mit Indikator-Papieren.

Säuren und Basen

Sowohl Säuren als auch Basen reagieren mit Wasser, weil Wasser als **Ampholyt** Protonen abgeben und anlagern kann. Gegenüber einer Säure HA reagiert Wasser als **Base (Protonenakzeptor)**; gegenüber einer Base B als Säure **(Protonendonator)**.

Reaktion einer Säure mit Wasser

$$HA + H_2O \rightleftharpoons H_3O^+ + A^-$$

$$\boxed{K_s = \frac{c(H_3O^+) \cdot c(A^-)}{c(HA)}}$$

Reaktion einer Base mit Wasser

$$B + H_2O \rightleftharpoons BH^+ + OH^-$$

$$K_B = \frac{c(BH^+) \cdot c(OH^-)}{c(B)}$$

K_S Säurekonstante
K_B Basenkonstante
$c(X)$ Stoffmengenkonzentration der an den Säure-Base Reaktionen beteiligten Stoffen

Säure- und Basenkonstanten in Wasser bei 25 °C

	$K_{S,1}$	$K_{S,2}$	$K_{S,3}$
Anorganische Säuren			
H_3BO_3 Borsäure	$7{,}3 \cdot 10^{-10}$	$1{,}8 \cdot 10^{-13}$	$1{,}6 \cdot 10^{-14}$
CO_2/H_2O Kohlenstoffsäure	$4{,}3 \cdot 10^{-7}$	$5{,}6 \cdot 10^{-11}$	
HCN Cyansäure	$4{,}9 \cdot 10^{-10}$		
HF Fluorsäure	$3{,}5 \cdot 10^{-4}$		
H_2O_2 Wasserstoffperoxid	$2{,}4 \cdot 10^{-12}$		
HNO_2 salpetrige Säure	$4{,}6 \cdot 10^{-14}$		
HNO_3 Salpetersäure	$2{,}0 \cdot 10^{1}$		
H_3PO_4 Phosphorsäure	$7{,}5 \cdot 10^{-3}$	$6{,}2 \cdot 10^{-8}$	$3{,}5 \cdot 10^{-13}$
H_2S Schwefelwasserstoff	$9{,}1 \cdot 10^{-8}$	$1{,}1 \cdot 10^{-12}$	
H_2SO_3 schweflige Säure	$1{,}5 \cdot 10^{-2}$	$1{,}0 \cdot 10^{-7}$	
H_2SO_4 Schwefelsäure	$1{,}0 \cdot 10^{3}$	$1{,}2 \cdot 10^{-2}$	
Organische Säuren			
H-COOH Ameisensäure	$1{,}8 \cdot 10^{-4}$		
CH_3-COOH Essigsäure	$1{,}8 \cdot 10^{-5}$		
CH_3-CH_2-COOH Propionsäure	$1{,}3 \cdot 10^{-5}$		
CH_3-CH(OH)-COOH Milchsäure	$1{,}4 \cdot 10^{-4}$		

Chemische Reaktionen und Gleichgewichte

	$K_{B,1}$	$K_{B,2}$	$K_{B,3}$
Anorganische Basen			
Na_2CO_3 Natriumcarbonat	$2{,}1 \cdot 10^{-4}$		
$Ca(OH)_2$ Calciumhydroxid		$4 \cdot 10^{-2}$	
NH_3 Ammoniak	$1{,}8 \cdot 10^{-5}$		
Organische Basen			
$CH_3\text{-}NH_2$ Methylamin	$4{,}6 \cdot 10^{-4}$		
$C_6H_5\text{-}NH_2$ Anilin	$4{,}3 \cdot 10^{-10}$		

Gleichgewichtsexponenten

$$pK_S = -\log K_S \qquad pK_B = -\log K_B$$

pK_S Säureexponent
pK_B Basenexponent

Starke Säuren (Basen) besitzen kleine pK_S- (pK_B) -Werte, schwache Säuren (Basen) haben dagegen große Gleichgewichtsexponenten. Bei einem korrespondierenden Säure-Base-Paar addieren sich Säure- und Basenexponent zum Ionenexponent des Wassers.

$$pK_S + pK_B = pK_W = 14$$

Einteilung von Säuren und Basen nach ihrem $pK_{S(B)}$-Wert

sehr starke Säuren und Basen	$pK_{S(B)} < 0$
starke Säuren und Basen	$pK_{S(B)} = 0 \dots 4{,}5$
mittelschwache Säuren und Basen	$pK_{S(B)} = 4{,}5 \dots 9{,}5$
schwache Säuren und Basen	$pK_{S(B)} = 9{,}5 \dots 14$
sehr schwache Säuren und Basen	$pK_{S(B)} > 14$

Dissoziationsgrad

Der Dissoziationsgrad α (Protolysegrad) ist das Verhältnis der Konzentration der protolysierten Säure-Base-Teilchen zur Gesamtkonzentration des Elektrolyten vor der Protonenübertragung (Dissoziation). α kann Werte von 0 bis 1 annehmen.

$$\alpha = \frac{c^0(X) - c(X)}{c^0(X)}$$

$c^0(X)$ Stoffmengenkonzentration der Säure bzw. Base vor der Protolyse
$c(X)$ Stoffmengenkonzentration der protolysierten Säure bzw. Base

Ostwaldsches Verdünnungsgesetz

$$K_{S(B)} = c^0(X) \frac{\alpha^2}{1-\alpha}$$

$K_{S(B)}$ Säure- bzw. Basenkonstante
$c^0(X)$ Stoffmengenkonzentration der Säure bzw. Base vor der Protolyse
α Dissoziationsgrad

Der Dissoziationsgrad α nimmt mit abnehmender Gesamtkonzentration $c^0(X)$ (zunehmende Verdünnung) und steigender Acidität (Basizität) des schwachen Elektrolyten zu.

pH-Wert einer starken Säure

$$pH = -\log \frac{c(H_3O^+)}{c^\ominus} \approx -\log \frac{c^0(HA)}{c^\ominus}$$

$c(H_3O^+)$ Stoffmengenkonzentration der Hydronium-Ionen
$c^0(HA)$ Stoffmengenkonzentration der Säure vor der Protolyse
$c^\ominus$ Standard-Stoffmengenkonzentration (1 mol l^{-1})

Starke Säuren reagieren praktisch vollständig mit Wasser zu Hydronium-Ionen und der korrespondierenden Base. Die H_3O^+-Konzentration ist somit gleich der Gesamtkonzentration $c^0(HA)$ der Säure.

pH-Wert einer starken Base

$$pH = 14 + \log \frac{c(OH^-)}{c^\ominus} \approx 14 + \log \frac{c^0(B)}{c^\ominus}$$

$c(OH^-)$ Stoffmengenkonzentration der Hydroxid-Ionen
$c^0(B)$ Stoffmengenkonzentration der Base vor der Protolyse
$c^\ominus$ Standard-Stoffmengenkonzentration (1 mol l^{-1})

Starke Basen reagieren praktisch vollständig unter Protonenaufnahme zur korrespondierenden Säure. Die OH^--Konzentration kann daher gleich der Gesamtkonzentration $c^0(B)$ gesetzt werden.

pH-Wert einer schwachen Säure

$$pH = \frac{1}{2}\left[pK_s - \log \frac{c^0(HA)}{c^\ominus}\right]$$

pK_S Säureexponent
$c^0(HA)$ Stoffmengenkonzentration von HA vor der Protolyse
$c^\ominus$ Standard-Stoffmengenkonzentration (1 mol l^{-1})

pH-Wert einer schwachen Base

$$pH = 14 - \left[\frac{pK_B}{2} - \frac{1}{2}\left(\frac{\log c^0(B)}{c^\ominus}\right)\right]$$

pK_B Basenexponent
$c^0(B)$ Stoffmengenkonzentration von B vor der Protolyse
$c^\ominus$ Standard-Stoffmengenkonzentration (1 mol l^{-1})

pH-Wert von Salzen aus starken Säuren und schwachen Basen

$$\text{pH} = \frac{1}{2}\left[pK_S - \log\frac{c^0(K)}{c^\ominus}\right]$$

pK_S Säureexponent des hydratisierten Kations
$c^0(K)$ Stoffmengenkonzentration der Kationensäure
$c^\ominus$ Standard-Stoffmengenkonzentration (1 mol l^{-1})

pH-Wert von Salzen aus starken Basen und schwachen Säuren

$$\text{pH} = 14 - \left[\frac{pK_B}{2} - \frac{1}{2}\left(\log\frac{c^0(A)}{c^\ominus}\right)\right]$$

pK_B Basenexponent der Anionenbase
$c^0(A)$ Stoffmengenkonzentration der Anionenbase
$c^\ominus$ Standard-Stoffmengenkonzentration (1 mol l^{-1})

pH-Wert von Salzen aus schwachen Säuren und Basen

$$\text{pH} = \frac{1}{2}\left(pK_S + pK_S^*\right)$$

pK_S Säureexponent der Kationensäure
$pK_S{}^*$ Säureexponent der zum Anion korrespondier. Säure

Puffersysteme

Puffersysteme sind Lösungen, die auch bei Zugabe erheblicher Mengen Säure oder Base ihren pH-Wert nur geringfügig ändern. Sie entstehen aus einer schwachen BRØNSTED-Säure (-Base) und einem Salz der korr. Base (bzw. Säure). Puffersysteme können je nach Stärke der gewählten Säure bzw. Base den pH-Wert der Lösung in einem bestimmten Bereich gegenüber Säure- bzw. Basenzusatz konstant halten.

Standardpufferlösungen

Substanz	Formel	Stoffmengen-konzentration in mol l^{-1}	pH-Wert bei 25 °C
Kaliumtetraoxalat-2-hydrat	$KH_3(C_2O_4)_2$ $2\,H_2O$	0,05	1,679
Kaliumhydrogencitrat	$KH_2C_6H_5O_7$	0,05	3,776
Kaliumhydrogenphthalat	$KHC_8H_4O_4$	0,05	4,008
Kaliumdihydrogenphosphat	KH_2PO_4	0,025	6,885
di-Natriumhydrogenphosphat	Na_2HPO_4	0,03	7,413
di-Natriumtetraborat-10-hydrat	$Na_2B_4O_7$ $10\,H_2O$	0,01	9,180
Natriumhydrogencarbonat	$NaHCO_3$	0,025	10,01
Calciumhydroxid	$Ca(OH)_2$	0,02	12,45

Henderson-Hasselbalch-Gleichung

$$pH = pK_s + \log\frac{c(\text{korr.Base})}{c(\text{Säure})} = pK_s + \log\frac{c(A^-)}{c(HA)}$$

pK_S Säureexponent
$c(A^-)$ Stoffmengenkonzentration der koresp. Base (Salz)
$c(HA)$ Stoffmengenkonzentration der Säure

- Bei bekanntem pH-Wert und Säureexponenten kann das Konzentrationsverhältnis an Säure zu korrespondierender Base berechnet werden.
- Ist das Konzentrationsverhältnis $c(A^-) : c(HA)$ bekannt, lässt sich durch pH-Messung der Lösung der pK_S-Wert ermitteln.
- Die maximale Pufferwirkung ergibt sich aus einem äquimolaren Verhältnis von Salz (korr. Base) zu Säure. Der pH-Wert eines solchen Puffersystems entspricht formal dem pK_S-Wert der Säure.

C.5 Lösungsgleichgewichte

Löslichkeitsprodukt

Das Löslichkeitsprodukt K_L eines schwerlöslichen Elektrolyten A_mB_n ist definiert als Produkt seiner Ionenkonzentrationen in gesättigter Lösung: $A_mB_n \rightleftharpoons m\,A^{n+} + n\,B^{m-}$

$$K_L(A_mB_n) = c^m(A^{n+}) \cdot c^n(B^{m-})$$

$c(A^{n+})$ Stoffmengenkonzentration der Kationen
$c(B^{m-})$ Stoffmengenkonzentration der Anionen
n, m Verhältniszahlen der Atome A und B bzw. Ladungszahlen der Ionen

Löslichkeitsexponent

$$pK_L = -\log \frac{K_L}{(c^\ominus)^{m+n}}$$

K_L Löslichkeitsprodukt
$c^\ominus$ Standard-Stoffmengenkonzentration (1 mol l^{-1})
n, m Verhältniszahlen der Atome A und B bzw. Ladungszahlen der Ionen

Chemische Reaktionen und Gleichgewichte

Molare Löslichkeit

$$c_m(A_m B_n) = \sqrt[m+n]{\frac{1}{m^m \cdot n^n} \cdot \frac{K_L}{(c^\ominus)^{m+n}}}$$

K_L Löslichkeitsprodukt
$c^\ominus$ Standard-Stoffmengenkonzentration (1 mol l^{-1})
n, m Verhältniszahlen der Atome A und B bzw. Ladungszahlen der Ionen

Die molare Löslichkeit (**Sättigungskonzentration**) eines Salzes der allgemeinen Zusammensetzung $A_m B_n$ lässt sich somit aus dem Löslichkeitsprodukt berechnen.

Löslichkeitsprodukte einiger schwerlöslicher Verbindungen

Verbindung $A_m B_n$	K_L in (mol l^{-1})$^{m+n}$	t in °C	Verbindung $A_m B_n$	K_L in (mol l^{-1})$^{m+n}$	t in °C
AgCl	$1{,}6 \cdot 10^{-10}$	25	Mg(OH)$_2$	$1{,}2 \cdot 10^{-11}$	18
	$13{,}2 \cdot 10^{-10}$	50	Al(OH)$_3$	$3{,}7 \cdot 10^{-15}$	25
AgBr	$7{,}7 \cdot 10^{-13}$	25	Fe(OH)$_2$	$4{,}8 \cdot 10^{-16}$	18
AgI	$1{,}5 \cdot 10^{-16}$	25	Fe(OH)$_3$	$3{,}8 \cdot 10^{-38}$	18
PbCl$_2$	$2{,}1 \cdot 10^{-5}$	25	HgS	$3{,}0 \cdot 10^{-54}$	18
CaF$_2$	$3{,}4 \cdot 10^{-11}$	18	CuS	$8{,}0 \cdot 10^{-45}$	18
CaSO$_4$	$6{,}1 \cdot 10^{-5}$	10	CdS	$3{,}6 \cdot 10^{-29}$	18
BaSO$_4$	$1{,}0 \cdot 10^{-10}$	25	CaCO$_3$	$4{,}8 \cdot 10^{-9}$	25
PbSO$_4$	$1{,}6 \cdot 10^{-8}$	25	BaCO$_3$	$7{,}0 \cdot 10^{-9}$	25

NERNSTsches Verteilungsgesetz

$$K = \frac{\beta_A(\text{Phase I})}{\beta_A(\text{Phase II})}$$

K Verteilungskoeffizient
β_A Massenkonzentration des Stoffes A in zwei miteinander nicht mischbaren Phasen (I) und (II)

Das NERNSTsche Verteilungsgesetz bildet z. B. die Grundlage der Lösungsmittelextraktion. Die Verwendung des Verteilungskoeffizienten als Stoffkonstante erfordert jedoch bestimmte Konventionen. Die Größe von K ist annähernd unabhängig von der Ausgangskonzentration des Stoffes A. Der gelöste Stoff muss in beiden Phasen den gleichen Molekularzustand aufweisen, d. h. keine Dissoziation, Assoziation oder Reaktion mit dem Lösungsmittel. Phase I ist die Phase mit der geringeren Dichte.

HENRY-DALTON-Gesetz

Die Löslichkeit eines Gases ist bei gegebener Temperatur proportional zu seinem Partialdruck. Bei steigendem Gasdruck steigt die Löslichkeit des Gases an.

$$p_A(\text{Gas}) = x_A(\text{Lösung}) \cdot K_H$$

K_H Löslichkeitskoeffizient (HENRY-Koeffizient)
x_A Stoffmengenanteil des Stoffes A im Lösungsmittel
p_A Partialdruck des Stoffes A ($p = c \cdot R \cdot T$, V = konst.)

HENRY-Konstanten einiger Gase in Wasser, K_H in 10^8 Pa

Gas	Temperatur		
	5 °C	25 °C	40 °C
Kohlenstoffdioxid, CO_2	3,0	1,7	1,1
Sauerstoff, O_2	65,0	44,0	35,0
Stickstoff, N_2	121,5	86,8	69,5
Wasserstoff, H_2		71,2	
Methan, CH_4		0,4	

C.6 Kolligative Eigenschaften

RAOULTsches Gesetz

Bei Lösungen von nichtflüchtigen Stoffen nimmt der Dampfdruck mit steigender Temperatur zu. Der Dampfdruck einer Lösung ist stets kleiner als der des reinen Lösungsmittels und sinkt (bei nicht zu hohen Konzentrationen) mit zunehmender Konzentration. Die relative Dampfdruckerniedrigung einer Lösung hängt bei gegebener Lösungsmittelmenge nur von der Anzahl der gelösten Teilchen ab und ist somit der Konzentration des nichtflüchtigen Stoffes proportional.

$$\Delta p = E \cdot b$$

Δp Dampfdruckerniedrigung bei **verdünnten Lösungen**
E molale Dampfdruckerniedrigung
b Molalität

$$\Delta p = p_{Lsgm} - p_{Lsg} = p_{Lsgm}\left(1 - x_{Lsgm}\right) = p_{Lsgm} \cdot x_A$$

Δp Dampfdruckerniedrigung bei **verdünnten Lösungen**
p_{Lsgm} Dampfdruck des reinen Lösungsmittels
p_{Lsg} Dampfdruck der Lösung
x_{Lsgm} Stoffmengenanteil des Lösungsmittels
x_A Stoffmengenanteil des gelösten Stoffes A
($x_{Lsgm} + x_A = 1$)

Siedepunktserhöhung

$$\Delta T_S = E_S \cdot b$$

ΔT_S Siedepunktserhöhung der Lösung gegenüber dem Lösungsmittel
E_S ebullioskopische Konstante
b Molalität

Gefrierpunktserniedrigung

$$\Delta T_G = E_G \cdot b$$

ΔT_G Gefrierpunktserniedrigung der Lösung gegenüber dem Lösungsmittel
E_G kryoskopische Konstante
b Molalität

Lösungs-mittel	Gefrier-punkt in °C	E_G in K kg mol^{-1}	Siede-punkt in °C	E_S in K kg mol^{-1}
Wasser	0,0	− 1,86	100,0	+ 0,51
Methanol	− 93,9		65,0	+ 0,84
Ethanol	−117,3		78,5	+ 1,20
Benzol	+ 5,5	− 4,90	80,1	+ 2,53
Eisessig	+ 16,0	− 3,80	118,1	+ 3,07

Bestimmung der molaren Masse

$$M = \frac{E_G \cdot m(A)}{\Delta T_G \cdot m(\text{Lsgm})}$$

M molare Masse
E_G kryoskopische Konstante
$m(A)$ Masse des gelösten Stoffes
$m(\text{Lsgm})$ Masse des Lösungsmittels

ΔT_G Gefrierpunktserniedrigung der Lösung gegenüber dem Lösungsmittel

Osmotischer Druck

$$\pi = c(X) \cdot R \cdot T$$

$c(X)$ Stoffmengenkonzentration der gelösten Teilchen
R allgemeine Gaskonstante
T absolute Temperatur

Der osmotische Druck einer Lösung ist unter isothermen Bedingungen der Stoffmengenkonzentration der gelösten Teilchen direkt proportional. (**Analogie zum Gesetz von BOYLE und MARIOTTE**)

Bei gegebener Konzentration ist der osmotische Druck der absoluten Temperatur direkt proportional. (**Analogie zum Gesetz von GAY-LUSSAC**)

Lösungen verschiedener Substanzen mit gleicher Stoffmengenkonzentration zeigen bei T = konst. den gleichen osmotischen Druck. (**Analogie zum Satz von AVOGADRO**)

E Elektrochemie

E.1 Elektrolytische Leitfähigkeit

Elektrischer Leitwert

$$\sigma = \frac{1}{R}$$

R elektrischer Widerstand

Elektrische Leitfähigkeit

$$\kappa = \frac{1}{\rho} = \frac{l}{A \cdot R} = C \cdot \frac{1}{R}$$

ρ spezifischer Widerstand
l Länge des elektrischen Leiters
A Querschnitt des elektrischen Leiters
R elektrischer Widerstand
C Zellkonstante ($= l / A$)

Molare Leitfähigkeit

$$\Lambda_m = \frac{\kappa}{c}$$

κ elektrische Leitfähigkeit
c Stoffmengenkonzentration des Elektrolyten

Äquivalentleitfähigkeit

$$\Lambda_{eq} = \frac{\Lambda_m}{|z|} = \frac{\kappa}{c \cdot |z|}$$

Λ_m molare Leitfähigkeit
z Äquivalentzahl (Wertigkeit des Elektrolyten)
κ elektrische Leitfähigkeit
c Stoffmengenkonzentration des Elektrolyten

Gesetz von KOHLRAUSCH

$$\Lambda_{eq} = \Lambda_{eq}^0 - k\sqrt{c(eq)}$$

Λ_{eq} Äquivalentleitfähigkeit
Λ_{eq}^0 Äquivalentleitfähigkeit bei unendlicher Verdünnung
k Konstante (abhängig vom Typ des Elektrolyten)
$c(eq)$ Äquivalentkonzentration des Elektrolyten

Gesetz der unabhängigen Ionenwanderung

$$\Lambda_m^0 = \nu_+ \lambda_+^0 + \nu_- \lambda_-^0$$

Λ_m^0 molare Grenzleitfähigkeit des Elektrolyten
$\lambda_{+,-}^0$ Leitfähigkeitsanteile von Kationen und Anionen, bei unendlicher Verdünnung

ν Anzahl der Kationen und Anionen, pro Formeleinheit des Elektrolyten

Grenzleitfähigkeit λ^0 in Wasser in $\Omega^{-1}\,cm^2\,mol^{-1}$ (t = 25 °C)

H^+	349,6	OH^-	199,1
Li^+	38,7	F^-	55,4
Na^+	50,1	Cl^-	76,35
K^+	73,5	Br^-	78,1
Rb^+	77,8	I^-	76,8
Cs^+	77,2	NO_3^-	71,46
NH_4^+	73,5	ClO_4^-	67,3
Mg^{2+}	106,0	SO_4^{2-}	160,0
Ca^{2+}	119,0	CH_3COO^-	40,9
Sr^{2+}	118,9	$(COO)_2^{2-}$	148,2
Ba^{2+}	127,2	$[Fe(CN)_6]^{3-}$	302,7
Cu^{2+}	107,2	$[Fe(CN)_6]^{4-}$	442,0
Zn^{2+}	105,6	CO_3^{2-}	138,6

Ionenbeweglichkeit

$$u_+ = \frac{v_+}{E} = \frac{\lambda_+}{F} \qquad u_- = \frac{v_-}{E} = \frac{\lambda_-}{F}$$

$u_{+,-}$ Ionenbeweglichkeit der Kationen und Anionen
$v_{+,-}$ Wanderungsgeschwindigkeit der Kat- und Anionen
$\lambda_{+,-}$ Leitfähigkeitsanteile von Kationen und Anionen
E elektrische Feldstärke
F FARADAY-Konstante

Ionenbeweglichkeit u in Wasser in $cm^2\,s^{-1}\,V^{-1}$ (t = 25 °C)

H^+	$3{,}623 \cdot 10^{-3}$	OH^-	$2{,}064 \cdot 10^{-3}$
Li^+	$4{,}01 \cdot 10^{-4}$	F^-	$5{,}70 \cdot 10^{-4}$

Ionenbeweglichkeit u in Wasser in cm² s⁻¹ V⁻¹ (t = 25 °C)

Na^+	$5{,}19 \cdot 10^{-4}$	Cl^-	$7{,}91 \cdot 10^{-4}$
K^+	$7{,}62 \cdot 10^{-4}$	Br^-	$8{,}09 \cdot 10^{-4}$
Rb^+	$7{,}92 \cdot 10^{-4}$	I^-	$7{,}96 \cdot 10^{-4}$
Tl^+	$7{,}74 \cdot 10^{-4}$	ClO_4^-	$6{,}99 \cdot 10^{-4}$
Ag^+	$6{,}42 \cdot 10^{-4}$	NO_3^-	$7{,}40 \cdot 10^{-4}$
NH_4^+	$7{,}63 \cdot 10^{-4}$	HCO_3^-	$4{,}61 \cdot 10^{-4}$
$[N(CH_3)_4]^+$	$4{,}65 \cdot 10^{-4}$	CO_3^{2-}	$7{,}46 \cdot 10^{-4}$
Mg^{2+}	$5{,}49 \cdot 10^{-4}$	SO_4^{2-}	$8{,}29 \cdot 10^{-4}$
Ca^{2+}	$6{,}17 \cdot 10^{-4}$	CH_3COO^-	$4{,}24 \cdot 10^{-4}$
Cu^{2+}	$5{,}56 \cdot 10^{-4}$	$[Fe(CN)_6]^{3-}$	$1{,}05 \cdot 10^{-3}$
Zn^{2+}	$5{,}47 \cdot 10^{-4}$	$[Fe(CN)_6]^{4-}$	$1{,}14 \cdot 10^{-3}$

Leitfähigkeitskoeffizient
(für vollständig dissoziierte Elektrolyte)

$$f_\Lambda = \frac{\Lambda_{eq}}{\Lambda^\circ_m} \quad (\alpha \approx 1)$$

Λ_{eq} Äquivalentleitfähigkeit
Λ°_m molare Grenzleitfähigkeit des Elektrolyten
α Dissoziationsgrad

Dissoziationsgrad

$$\alpha = \frac{\Lambda_{eq}}{\Lambda^0_m} \quad (\alpha \ll 1)$$

Λ_{eq} Äquivalentleitfähigkeit
Λ^0_m molare Grenzleitfähigkeit des Elektrolyten

Konzentrationsabhängigkeit der Leitfähigkeit

> schwache Elektrolyte:
> $$\kappa = |z| \cdot c \cdot \alpha \cdot f_\Lambda \cdot \Lambda_m^0 = |z| \cdot c \cdot \alpha (\lambda_+ + \lambda_-)$$
> starke Elektrolyte:
> $$\kappa = |z| \cdot c \cdot \Lambda_{eq} = |z| \cdot c \cdot f_\Lambda \cdot \Lambda_m^0$$

κ elektrische Leitfähigkeit
z Äquivalentzahl (Wertigkeit des Elektrolyten)
c Stoffmengenkonzentration des Elektrolyten
α Dissoziationsgrad
f_Λ Leitfähigkeitskoeffizient
Λ_m^0 molare Grenzleitfähigkeit des Elektrolyten
Λ_{eq} Äquivalentleitfähigkeit
λ Leitfähigkeitsanteile von Kationen und Anionen

Ostwaldsches Verdünnungsgesetz

$$K_c = \frac{\Lambda_{eq}^2 \cdot c}{\Lambda_m^\circ (\Lambda_m^\circ - \Lambda_{eq})}$$

K_c Gleichgewichtskonstante
Λ_m° molare Grenzleitfähigkeit des Elektrolyten
Λ_{eq} Äquivalentleitfähigkeit
c Stoffmengenkonzentration des Elektrolyten

Hittorfsche Überführungszahlen

Die Hittorfsche Überführungszahl t gibt den Bruchteil des Gesamtstromes an, den eine Ionenart transportiert. Für einen Elektrolyten $A_x^{z+} B_y^{z-}$ gilt:

$$t_+ = \frac{z_+ \cdot v_+ \cdot u_+}{z_+ \cdot v_+ \cdot u_+ + z_- \cdot v_- \cdot u_-}$$

$$t_- = \frac{z_- \cdot v_- \cdot u_-}{z_+ \cdot v_+ \cdot u_+ + z_- \cdot v_- \cdot u_-}$$

$t_{+,-}$ Überführungszahl der Kationen und Anionen
$u_{+,-}$ Ionenbeweglichkeit der Kationen und Anionen
$v_{+,-}$ Anzahl der Kationen und Anionen
$z_{+,-}$ Äquivalentzahl (Wertigkeit der Ionen)

E.2 Elektrodenprozesse

Elektrodenpotenzial (GALVANI-Spannung)

$$E = \Delta\varphi = \varphi_\mathrm{I} - \varphi_\mathrm{II}$$

φ GALVANI-Potenzial der Phasen (I und II)

NERNST-Gleichung

Elektrodenreaktion: $v_{ox}\,\mathrm{Ox} + z\,\mathrm{e}^- \rightleftharpoons v_{Red}\,\mathrm{Red}$

$$E = E^\ominus + \frac{R \cdot T}{z_e \cdot F} \ln\frac{a^{v_{ox}}(\mathrm{Ox})}{a^{v_{Red}}(\mathrm{Red})} = E^\ominus + \frac{F_N}{z_e} \lg\frac{a^{v_{ox}}(\mathrm{Ox})}{a^{v_{Red}}(\mathrm{Red})}$$

E Elektrodenpotenzial
$E^\ominus$ Standardelektrodenpotenzial
R allgemeine Gaskonstante
F_N NERNST-Faktor

T	absolute Temperatur
F	FARADAY-Konstante
z_e	Anzahl der ausgetauschten Elektronen
ν	stöchiometrischer Koeffizient
a	Aktivität des Oxidations- bzw. Reduktionsmittels

Standardelektrodenpotenziale bei 25 °C

Elektrodenreaktion	$E^{\ominus}$ in V	Elektrodenreaktion	$E^{\ominus}$ in V
$Li^+ + e^- \to Li$	-3,05	$Fe^{3+} + 3\,e^- \to Fe$	-0,04
$K^+ + e^- \to K$	-2,93	$2\,H^+ + 2\,e^- \to H_2$	0,00
$Rb^+ + e^- \to Rb$	-2,93	$AgBr + e^- \to Ag + Br^-$	0,07
$Cs^+ + e^- \to Cs$	-2,92	$Sn^{4+} + 2\,e^- \to Sn^{2+}$	0,15
$Ba^{2+} + 2\,e^- \to Ba$	-2,91	$Cu^{2+} + e^- \to Cu^+$	0,16
$Sr^{2+} + 2\,e^- \to Sr$	-2,89	$Bi^{3+} + 3\,e^- \to Bi$	0,20
$Ca^{2+} + 2\,e^- \to Ca$	-2,87	$AgCl + e^- \to Ag + Cl^-$	0,22
$Na^+ + e^- \to Na$	-2,71	$Hg_2Cl_2 + 2\,e^- \to 2\,Hg + 2Cl^-$	0,27
$Mg^{2+} + 2\,e^- \to Mg$	-2,36	$Cu^+ + 2\,e^- \to Cu$	0,34
$Be^{2+} + 2\,e^- \to Be$	-1,85	$O_2 + 2\,H_2O + 4\,e^- \to 4\,OH^-$	0,40
$U^{3+} + 3\,e^- \to U$	-1,79	$NiOOH + H_2O + e^- \to Ni(OH)_2 + OH^-$	0,49
$Al^{3+} + 3\,e^- \to Al$	-1,66		
$Ti^{2+} + 2\,e^- \to Ti$	-1,63	$Cu^{2+} + e^- \to Cu$	0,52
$V^{2+} + 2\,e^- \to V$	-1,19	$I_3^- + 2\,e^- \to 3\,I^-$	0,53
$Mn^{2+} + 2\,e^- \to Mn$	-1,18	$I_2 + 2\,e^- \to 2\,I^-$	0,54
$Cr^{2+} + 2\,e^- \to Cr$	-0,91	$Hg_2SO_4 + 2\,e^- \to 2\,Hg + SO_4^{2-}$	0,62
$Fe(OH)_2 + 2\,e^- \to Fe + 2\,OH^-$	-0,88	$Fe^{3+}\,e^- \to Fe^{2+}$	0,77
$2\,H_2O + 2\,e^- \to H_2 + 2\,OH^-$	-0,83	$AgF + e^- \to Ag + F^-$	0,78
$Cd(OH)_2 + 2\,e^- \to Cd + 2\,OH^-$	-0,81	$Hg_2^{2+} + 2\,e^- \to 2\,Hg$	0,79
$Zn^{2+} + 2\,e^- \to Zn$	-0,76	$Ag^+ + e^- \to Ag$	0,80
$Cr^{3+} + 3\,e^- \to Cr$	-0,74	$2\,Hg^{2+} + 2\,e^- \to Hg_2^{2+}$	0,92
$U^{4+} + e^- \to U^{3+}$	-0,61	$Br_2 + 2\,e^- \to 2\,Br^-$	1,09
		$Pt^{2+} + 2\,e^- \to Pt$	1,20

Elektrochemie

Elektrodenreaktion	$E^\ominus$ in V	Elektrodenreaktion	$E^\ominus$ in V
$O_2 + e^- \rightarrow O_2^-$	-0,56	$MnO_2 + 4\,H^+ + 2\,e^- \rightarrow Mn^{2+} + 2\,H_2O$	1,23
$S + 2\,e^- \rightarrow S^{2-}$	-0,48	$O_2 + 4\,H^+ + 4\,e^- \rightarrow 2\,H_2O$	1,23
$Fe^{2+} + 2\,e^- \rightarrow Fe$	-0,44	$Cr_2O_7^{2-} + 14\,H^+ + 6\,e^- \rightarrow 2\,Cr^{3+} + 7\,H_2O$	1,33
$Cr^{3+} + e^- \rightarrow Cr^{2+}$	-0,41	$Cl_2 + 2\,e^- \rightarrow 2\,Cl^-$	1,36
$Cd^{2+} + 2\,e^- \rightarrow Cd$	-0,40	$Au^{3+} + 3\,e^- \rightarrow Au$	1,40
$Ti^{3+} + e^- \rightarrow Ti^{2+}$	-0,37	$MnO_4^- + 8\,H^+ + 5\,e^- \rightarrow Mn^{2+} + 4\,H_2O$	1,51
$PbSO_4 + 2\,e^- \rightarrow Pb + SO_4^{2-}$	-0,36		
$In^{3+} + 3\,e^- \rightarrow In$	-0,34	$Pb^{4+} + 2\,e^- \rightarrow Pb^{2+}$	1,67
$Co^{2+} + 2\,e^- \rightarrow Co$	-0,28	$Au^+ + e^- \rightarrow Au$	1,69
$V^{3+} + e^- \rightarrow V^{2+}$	-0,26	$Co^{3+} + e^- \rightarrow Co^{2+}$	1,81
$Ni^{2+} + 2\,e^- \rightarrow Ni$	-0,23	$Ag^{2+} + e^- \rightarrow Ag^+$	1,98
$AgI + e^- \rightarrow Ag + I^-$	-0,15	$S_2O_8^{2-} + 2\,e^- \rightarrow 2\,SO_4^{2-}$	2,05
$Sn^{2+} + 2\,e^- \rightarrow Sn$	-0,14	$F_2 + 2\,e^- \rightarrow 2F^-$	2,87
$Pb^{2+} + 2\,e^- \rightarrow Pb$	-0,13		
$O_2 + H_2O + 2\,e^- \rightarrow HO_2^- + OH^-$	-0,08		

NERNST-Faktor

$$F_N = \frac{2{,}303\,R\cdot T}{F}$$

t in °C	0	10	20	25	50
F_N in mV	54,20	56,18	58,20	59,16	64,12

pH-Wert-abhängiges Redoxpotenzial

Redox-Paar: $\nu_{ox}\,\text{Ox} + z\,e^- \rightleftharpoons \nu_{Red}\,\text{Red}$

$$E = E^\ominus - F_N \frac{\nu_{H^+}}{z}\,\text{pH}$$

E   Elektrodenpotenzial
$E^{\ominus}$ Standardelektrodenpotenzial
F_N NERNST-Faktor
ν_{H^+} stöchiometrischer Koeffizient der Protonen
z   Anzahl der ausgetauschten Elektronen
pH   pH-Wert $[= -\lg a(H^+)]$

HENDERSON-Gleichung

$$E_D = (t_+ - t_-) \frac{R \cdot T}{F} \ln \frac{a_I}{a_{II}}$$

E_D Diffusionspotenzial zwischen den Phasen I und II
R   allgemeine Gaskonstante
T   absolute Temperatur
F   FARADAY-Konstante
t   Überführungszahlen der Kationen und Anionen
a   Aktivität der Ionen in den Phasen I und II

Membranpotenzial

Membranpotenziale treten immer dann auf, wenn eine Phasengrenze nicht für alle in den Phasen vorhandenen Ionensorten (mindestens für eine) permeabel ist.

$$E_M = \varphi_I - \varphi_{II} = \pm \frac{R \cdot T}{z \cdot F} \ln \frac{a_I}{a_{II}}$$

φ Potenzial der den Phasen I und II
R   allgemeine Gaskonstante
T   absolute Temperatur

118 Elektrochemie

F   FARADAY-Konstante
a   Aktivität der Potenzial bestimmenden Ionensorte
z   Äquivalentzahl (Wertigkeit des Elektrolyten)

pH-Messung mit der Glaselektrode

$$E_{Gl} = \Delta\varphi_{Asy} + \Delta\varphi_D + F_N (pH - pH_x)$$

$\Delta\varphi_{Asy}$ Asymmetriepotenzial
$\Delta\varphi_D$ Diffusionspotenzial
F_N NERNST-Faktor
pH   Lösung mit bekanntem pH-Wert
pH_x Lösung mit unbekanntem pH-Wert

E.3   Galvanische Zellen

Klemmenspannung

$$E_0 = i \cdot R_i + i \cdot R_a$$
$$E_{Kl} = E_0 - i \cdot R_i$$
$$E_{Kl} = E_z + i \cdot R_i$$

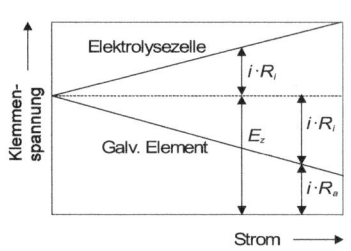

E_0 Klemmenspannung ohne Strombelastung
E_{Kl} Klemmenspannung mit Strombelastung
E_z Zersetzungsspannung
R_i Innenwiderstand
R_a Außenwiderstand
i Strom

Galvanische Zellen

Elektromotorische Kraft (EMK) einer Zelle

$$E = -\frac{\Delta_R G}{n_e \cdot F} = E_K - E_A$$

- $\Delta_R G$ Freie Reaktionsenthalpie
- F FARADAY-Konstante
- n_e Stoffmenge der ausgetauschten Elektronen
- E_K Kathodenpotenzial
- E_A Anodenpotenzial

Gleichgewichtskonstante der Zellreaktion

$$\ln K_c = \frac{n_e \cdot F \cdot E^\ominus}{R \cdot T}$$

- $E^\ominus$ Standardelektrodenpotenzial des Redox-Systems
- n_e Stoffmenge der ausgetauschten Elektronen
- F FARADAY-Konstante
- R allgemeine Gaskonstante
- T absolute Temperatur

Elektrische Arbeit der Zellreaktion

$$W_E = \Delta_R G = \Delta_R H - T \cdot \Delta_R S$$

- W_E elektrische Arbeit (bei reversibler Prozessführung)
- $\Delta_R G$ Freie Reaktionsenthalpie
- $\Delta_R H$ Reaktionsenthalpie
- $\Delta_R S$ Reaktionsentropie
- T absolute Temperatur

Reaktionsenthalpie der Zellreaktion

$$\Delta_R H = -z \cdot n_e \cdot F \left[E - T \left(\frac{\partial F^*}{\partial T} \right)_p \right]$$

F^* Freie Energie
T absolute Temperatur
F FARADAY-Konstante
n_e Stoffmenge der ausgetauschten Elektronen
z Äquivalentzahl (Wertigkeit des Elektrolyten)

Reaktionsentropie der Zellreaktion

$$\Delta_R S = z \cdot n_e \cdot F \left(\frac{\partial F^*}{\partial T} \right)_p$$

F^* Freie Energie
T absolute Temperatur
F FARADAY-Konstante
n_e Stoffmenge der ausgetauschten Elektronen
z Äquivalentzahl (Wertigkeit des Elektrolyten)

E.4 Elektrochemische Prozesse

Elektrische Arbeit

$$W_{El} = U \cdot I \cdot t = U \cdot Q$$

U Zellspannung

Elektrochemische Prozesse

- I elektrische Stromstärke
- Q elektrische Ladung
- t Zeit

Elektrische Leistung

$$P = U \cdot I$$

- U Zellspannung
- I elektrische Stromstärke

FARADAYsches Gesetz

$$Q = I \cdot t = z \cdot n \cdot F$$

- Q elektrische Ladung
- I elektrische Stromstärke
- t Zeit
- z Äquivalentzahl (Wertigkeit der Elektrolyte)
- n Stoffmenge
- F FARADAY-Konstante

Gesamtstromdichte an Elektroden

$$j = \frac{I}{A} = F \cdot k_A \cdot c(\text{Red}) - F \cdot k_K \cdot c(\text{Ox}) = j_A - j_K$$

- j Gesamtstromdichte
- I elektrische Stromstärke
- A Elektrodenfläche

F	FARADAY-Konstante
k	Geschwindigkeitskonstante der Reduktionsreaktion (k_K) und der Oxidationsreaktion (k_A)
c	Stoffmengenkonzentration des Reduktions- und Oxidationsmittels
j_A	anodische Stromdichte
j_K	kathodische Stromdichte

Diffusions(grenz)stromdichte

$$j_D = -z \cdot A \cdot D \cdot \frac{c_P - c_{PG}}{d}$$

$$j_{D,0} = -z \cdot A \cdot D \cdot \frac{c_P}{d}$$

j_D	Diffusionsstromdichte
$j_{D,0}$	Diffusionsgrenzstromdichte
z	Äquivalentzahl (Wertigkeit der Elektrolyte)
A	Elektrodenfläche
D	Diffusionskoeffizient
c_{PG}	Stoffmengenkonzentration an der Phasengrenze
c_P	Stoffmengenkonzentration in der Phase
d	Dicke der NERNSTschen Diffusionsschicht

Elektrodenpolarisation

$$P = E_I - E_R$$

E_I	Elektrodenpotenzial bei Stromfluss
E_R	Ruhepotenzial

Überspannung

$$\eta = E_I - \varphi_0$$

E_I Elektrodenpotenzial bei Stromfluss
φ_0 Gleichgewichtspotenzial der Elektrode

TAFEL-Gleichung

$$\eta_T = a + b \cdot \ln j$$
$$a = -b \ln j_0 \quad b = \frac{R \cdot T}{|z| \cdot F \cdot \alpha}$$

η_T Durchtrittsüberspannung
a Konstante der TAFEL-Gleichung
b Durchtrittsfaktor
j Gesamtstromdichte
j_0 Austauschstromdichte
R allgemeine Gaskonstante
T absolute Temperatur
F FARADAY-Konstante
z Ionenladungszahl (Wertigkeit des Elektrolyten)
α Symmetrieparameter

Diffusionsüberspannung

$$\eta_D = \frac{R \cdot T}{z \cdot F} \ln \frac{c_I}{c_{I=0}} = \frac{R \cdot T}{z \cdot F} \ln\left[1 - \frac{j_D}{j_{D,0}}\right]$$

R allgemeine Gaskonstante
T absolute Temperatur

F FARADAY-Konstante
z Äquivalentzahl (Wertigkeit der Elektrolyte)
c_I Stoffmengenkonzentration bei Stromfluss
$c_{I=0}$ Stoffmengenkonzentration im stromlosen Zustand
j_D Diffusionsstromdichte
$j_{D,0}$ Diffusionsgrenzstromdichte

Zellpolarisation

$$\eta_Z = \sum \eta + I \cdot R_i$$

η Überspannung
I elektrische Stromstärke
R_i Innenwiderstand

Stoffausbeute

$$\eta_n = \frac{m(E)}{m(P)} \cdot 100\% \quad (Q = \text{konst.})$$

$m(E)$ Masse der Ausgangsstoffe im Reaktionsprodukt (nicht umgesetzte Edukte)
$m(P)$ Masse der umgesetzten Ausgangsstoffe (Produkte)
Q elektrische Ladung

Stromausbeute

$$\eta_S = \frac{(I \cdot t)_{\text{theor}}}{(I \cdot t)_{\text{eff}}} \cdot 100\% \quad (m = \text{konst.})$$

I elektrische Stromstärke

t Zeit
m Masse
theor   theoretisch notwendiger Betrag
eff   tatsächlich aufgewendeter Betrag

Energieausbeute

$$\eta_E = \frac{(Q \cdot U)_{\text{theor}}}{(Q \cdot U)_{\text{eff}}} \cdot 100\,\% \quad (m = \text{konst.})$$

Q elektrische Ladung
U elektrische Spannung
m Masse
theor   theoretisch notwendiger Betrag
eff   tatsächlich aufgewendeter Betrag

Zersetzungsspannung

$$U_Z = U_{Z,A} - U_{Z,K}$$

$U_{Z,A}$ Zersetzungsspannung der Anode
$U_{Z,K}$ Zersetzungsspannung der Kathode

Zellspannung

$$U = U_Z + \eta_Z$$

U_Z Zersetzungsspannung
η_Z Zellpolarisation

K Kinetik

K.1 Geschwindigkeit chemischer Reaktionen

Reaktionsgeschwindigkeit
Die Geschwindigkeit einer Reaktion ist definiert als zeitliche Änderung der Konzentration einer der beteiligten Spezies. Die Geschwindigkeit, mit der Edukte verbraucht und Produkte gebildet werden, ändert sich in der Regel im Verlauf der Reaktion.

$$v = +\frac{dc(\text{Produkte})}{dt} = -\frac{dc(\text{Edukte})}{dt}$$

Es muss daher die Geschwindigkeit für einen bestimmten Zeitpunkt angegeben werden. Die sich dann aus der Definition ergebende **momentane Geschwindigkeit** als Differenzialquotient der Konzentrationsänderung dc pro Zeitintervall dt wird mit den reziproken stöchiometrischen Koeffizienten multipliziert. Für eine Reaktion der allgemeinen Form: $v_A\,A + v_B\,B \rightleftharpoons v_L\,L + v_M\,M$ lässt sich die Reaktionsgeschwindigkeit durch folgenden Ausdruck beschreiben:

$$v_R = -\frac{1}{v_A}\frac{dc(A)}{dt} = -\frac{1}{v_B}\frac{dc(B)}{dt} = +\frac{1}{v_L}\frac{dc(L)}{dt} = +\frac{1}{v_M}\frac{dc(M)}{dt}$$

v_R Reaktionsgeschwindigkeit
$c(X)$ Stoffmengenkonzentration zum Zeitpunkt t
$v(X)$ Stöchiometrischer Koeffizient der Stoffe

Geschwindigkeitsgesetz

Das Geschwindigkeitsgesetz beschreibt die Reaktionsgeschwindigkeit als Funktion der an der Reaktion beteiligten Spezies.

$$v_R = k \cdot c^{\alpha}(A) \cdot c^{\beta}(B) \cdot c^{\gamma}(C) \ldots$$

v_R Reaktionsgeschwindigkeit
k Geschwindigkeitskonstante
$c(X)$ Stoffmengenkonzentration von A, B und C
α, β, γ Ordnung der Reaktion in Bezug auf A, B und C

Reaktionsordnung

Sind in einem reagierenden System die Stoffe A, B, C ... vorhanden und verläuft eine ablaufende Reaktion nach o. g. Geschwindigkeitsgesetz, so gilt:

$$n = \alpha + \beta + \gamma + \ldots$$

n (Gesamt-) Reaktionsordnung
α, β, γ Ordnung der Reaktion in Bezug auf A, B und C

Molekularität

Neben der Reaktionsordnung, die sich auf die Art des phänomenologischen Geschwindigkeitsgesetzes bezieht, unterscheidet man die Molekularität. Damit wird der **Mechanismus** von elementaren Reaktionen hinsichtlich der Anzahl der am Reaktionsakt beteiligten Stoffe charakterisiert.

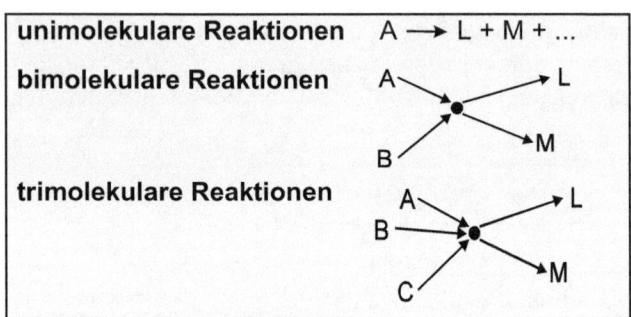

Arrhenius-Gleichung

Die Temperaturabhängigkeit der Reaktionsgeschwindigkeit kommt in der **Temperaturabhängigkeit ihrer Geschwindigkeitskonstanten k** zum Ausdruck.

$$k = A \cdot \exp(-E_a / R \cdot T)$$

- A prä-exponentieller Faktor
- E_a Aktivierungsenergie
- R allgemeine Gaskonstante
- T absolute Temperatur

K.2 Integrierte Geschwindigkeitsgesetze

Reaktion nullter Ordnung

Reaktionstyp: $A \rightarrow L$

$$-\frac{dc(A)}{dt} = k \qquad k = \frac{1}{t}\left[c_0(A) - c(A)\right]$$

$c(A)$ Stoffmengenkonzentration von A
$c_0(A)$ Anfangs-Stoffmengenkonzentration von A
k Geschwindigkeitskonstante
t Reaktionszeit

Reaktion erster Ordnung

Reaktionstyp: $A \rightarrow L$

$$-\frac{dc(A)}{dt} = k \cdot c(A) \qquad k = \frac{1}{t} \ln \frac{c_0(A)}{c(A)}$$

$c(A)$ Stoffmengenkonzentration von A
$c_0(A)$ Anfangs-Stoffmengenkonzentration von A
k Geschwindigkeitskonstante
t Reaktionszeit

Reaktion zweiter Ordnung

Reaktionstyp: $2A \rightarrow L$

$$-\frac{dc(A)}{dt} = k \cdot c^2(A) \qquad k = \frac{1}{t}\left[\frac{1}{c(A)} - \frac{1}{c_0(A)}\right]$$

Reaktionstyp: $A + B \rightarrow L$

$$-\frac{dc(A)}{dt} = k \cdot c(A) \cdot c(B)$$

$$k = \frac{1}{t[c_0(A) - c_0(B)]} \ln \frac{c(A) \cdot c_0(B)}{c(B) \cdot c_0(A)}$$

$c(A)$ Stoffmengenkonzentration von A bzw. B

$c_0(A)$ Anfangs-Stoffmengenkonzentration von A bzw. B
$[c_0(A) \neq c_0(B)]$
k Geschwindigkeitskonstante
t Reaktionszeit

Reaktion *n*-ter Ordnung
Reaktionstyp: $A + B + ... \to L$

$$-\frac{dc(A)}{dt} = k \cdot c^n(A)$$

$$k = \frac{1}{(n-1)t}\left[\frac{1}{c^{(n-1)}(A)} - \frac{1}{c_0^{(n-1)}(A)}\right]$$

$c(A)$ Stoffmengenkonzentration von A
$c_0(A)$ Anfangs-Stoffmengenkonzentration von A
$[c_0(A) = c_0(B) = ...]$
k Geschwindigkeitskonstante
t Reaktionszeit
n Reaktionsordnung

Halbwertszeit
Die Halbwertszeit einer Spezies ist die Zeit, die vergeht, bis ihre Konzentration auf die Hälfte ihres Ausgangswertes gesunken ist.

Ordnung	Reaktionstyp	Halbwertszeit
0.	$A \to L$	$t_{1/2} = \dfrac{c_0(A)}{2k}$
1.	$A \to L$	$t_{1/2} = \dfrac{\ln 2}{k}$

Ordnung	Reaktionstyp	Halbwertszeit
2.	A + B → L	$t_{1/2} = \dfrac{1}{c_0(A) \cdot k}$
n.	A + B + ... → L	$t_{1/2} = \dfrac{2^{n-1}-1}{c_0^{n-1}(A) \cdot k \cdot (n-1)}$

$c_0(A)$ Anfangs-Stoffmengenkonzentration von A
k Geschwindigkeitskonstante
t Reaktionszeit
n Reaktionsordnung

K.3 Bestimmung der Reaktionsordnung

Differenziationsmethode

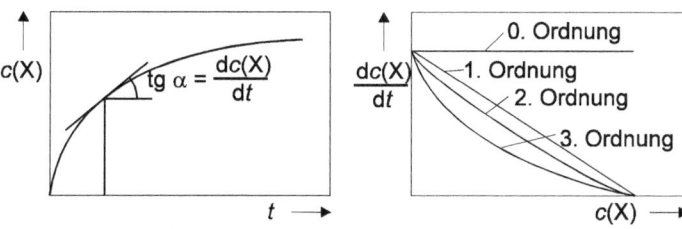

Es wird die Funktion $c_x(t)$ experimentell bestimmt und graphisch differenziert. Die aus der Tangentensteigung ermittelten $dc(X)/dt$-Werte werden in das rechte Diagramm eingezeichnet. Die verschiedenen Ordnungen ergeben charakteristische Kurven. Bei doppelt-logarithmischer Auftragung ergibt sich eine Gerade mit der Steigung $\tan \alpha = n$.

$$\frac{dc(X)}{dt} = k_n \cdot c^n(X) \qquad \lg \left|\frac{dc(X)}{dt}\right| = \lg k + n \cdot \lg c(X)$$

$c(X)$ Stoffmengenkonzentration von X

t Reaktionszeit
k Geschwindigkeitskonstante
n Reaktionsordnung

Integrationsmethode

Die experimentellen Werte von $c(X)$ und t werden in die nach k aufgelösten Geschwindigkeitsgesetze eingesetzt.

$$k_0 = \frac{1}{t}[c_0(A) - c(A)] \qquad k_1 = \frac{1}{t} \ln \frac{c_0(A)}{c(A)}$$

$$k_2 = \frac{1}{t}\left[\frac{1}{c(A)} - \frac{1}{c_0(A)}\right] \qquad k_n = \frac{1}{(n-1)t}\left[\frac{1}{c^{(n-1)}(A)} - \frac{1}{c_0^{(n-1)}(A)}\right]$$

k Geschwindigkeitskonstante für die Ordnungen $0 - n$
t Reaktionszeit
n Reaktionsordnung
$c(A)$ Stoffmengenkonzentration von A
$c_0(A)$ Anfangs-Stoffmengenkonzentration von A

Die Gleichung, für welche die Messwertpaare $[c(A), t]$ eine Konstante ergeben, ist charakteristisch für die Reaktionsordnung.

Halbwertszeit-Methode

Es werden die Halbwertszeiten im doppelt-logarithmischen Koordinatensystem gegen die Anfangs-Stoffmengenkonzentration aufgetragen. Es ergeben sich Geraden mit charakteristischen Steigungen für die Ordnung.

$$\lg t_{1/2} = \lg\left[\frac{2^{(n-1)} - 1}{(n-1)k}\right] - (n-1)\lg c_0(X)$$

$t_{1/2}$ Halbwertszeit
k Geschwindigkeitskonstante für die Ordnungen $0 - n$
n Reaktionsordnung
$c_0(X)$ Anfangs-Stoffmengenkonzentration von X

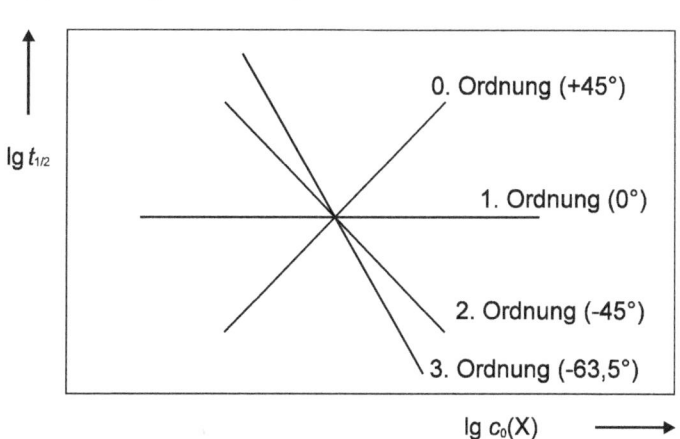

Bestimmung der Teilordnung

Es werden die Anfangsgeschwindigkeiten der Reaktion $v_A\,A + v_B\,B + v_C\,C \rightarrow$ Reaktionsprodukte gemessen, wobei nur die Konzentration eines Eduktes variiert wird, dessen Teilordnung bestimmt werden soll [z. B.: $c(B)$].

$$r_0^{\,I} = k \cdot c^{\alpha}(A) \cdot c_I^{\,\beta}(B) \cdot c^{\gamma}(C) \qquad r_0^{\,II} = k \cdot c^{\alpha}(A) \cdot c_{II}^{\,\beta}(B) \cdot c^{\gamma}(C)$$

$$\boxed{\beta = \frac{\lg r_0^{\,I} - \lg r_0^{\,II}}{\lg c^{\,I}(B) - \lg c^{\,II}(B)}}$$

β Teilordnung von B
$r_0^{\,I}$ Anfangsreaktionsgeschwindigkeit bei der Anfangs-Stoffmengenkonzentration $c_0^{\,I}(B)$

r_0^{II} Anfangsreaktionsgeschwindigkeit bei der Anfangs-Stoffmengenkonzentration $c_0^{II}(B)$

K.4   Stoßtheorie und aktivierter Komplex

Stoßtheorie

Für die Geschwindigkeit einer einfachen bimolekularen Gasreaktion vom Typ: A + B → L lässt sich formulieren:

$$\frac{dc(A)}{dt} = -\left(\frac{Z_{AB}}{N_A}\right) \cdot \exp(-E_a / R \cdot T)$$

$c(A)$ Stoffmengenkonzentration von A
t Reaktionszeit
Z_{AB} Stoßzahl (Anzahl der Zusammenstöße zwischen den Molekülen A und B pro Volumen- und Zeiteinheit)
N_A AVOGADRO-Konstante
R allgemeine Gaskonstante
T absolute Temperatur

Stoßzahl

$$Z_{AB} = \sigma \cdot \left(\frac{8k \cdot T}{\pi \cdot \mu}\right)^{1/2} \cdot N_A^2 \cdot c(A) \cdot c(B)$$

σ Stoßquerschnitt $[= \pi (R_A + R_B)^2]$
k Geschwindigkeitskonstante
T absolute Temperatur
μ reduzierte Masse $(1/\mu = 1/m_A + 1/m_B)$

N_A AVOGADRO-Konstante
$c(X)$ Stoffmengenkonzentration von A bzw. B

Geschwindigkeitskonstante

$$k = p\,(d_A + d_B)^2 \cdot \sqrt{\frac{\pi \cdot R \cdot T}{2\mu}} \cdot \exp(-E_a / R \cdot T)$$

p sterischer Faktor
d_x Moleküldurchmesser der Stoffe A bzw. B
R allgemeine Gaskonstante
T absolute Temperatur
μ reduzierte Masse ($1/\mu = 1/m_A + 1/m_B$)
E_a Aktivierungsenergie

Aktivierter Komplex
Die Theorie des aktivierten Komplexes beschreibt die Reaktion $A + B \rightleftharpoons AB^{\neq} \to L$ als Bildung eines aktivierten Komplexes $AB^{\neq}$, der mit der Geschwindigkeit k_2 in das Produkt L zerfällt. Die Reaktion $AB^{\neq} \to L$ ist der geschwindigkeitsbestimmende Schritt. Man nimmt daher an, dass die Edukte mit dem aktivierten Komplex im thermodynamischen Gleichgewicht stehen, das durch den Zerfall in die Produkte nur unwesentlich gestört wird.

$$\frac{c(AB^{\neq})}{c(A) \cdot c(B)} = k^{\neq} = \exp(-\Delta G^{\ominus \neq} / R \cdot T)$$

$c(X)$ Stoffmengenkonzentration von X
$k^{\neq}$ Gleichgewichtskonstante der vorgelagerten Reaktion

$\Delta G^{\ominus\neq}$ Freie Aktivierungsenthalpie unter Standardbedingungen vom Ausgangszustand in den aktivierten Zustand
R allgemeine Gaskonstante
T absolute Temperatur

Aktivierungsenthalpie und -entropie

$$\Delta G^{\ominus\neq} = \Delta H^{\ominus\neq} - T \cdot \Delta S^{\ominus\neq}$$

$\Delta G^{\ominus\neq}$ Freie Aktivierungsenthalpie unter Standardbedingungen
$\Delta H^{\ominus\neq}$ Aktivierungsenthalpie unter Standardbedingungen
$\Delta S^{\ominus\neq}$ Aktivierungsentropie unter Standardbedingungen
T absolute Temperatur

$$k = \frac{k^* \cdot T}{h} \cdot \exp\left(-\left(\Delta H^{\ominus\neq} - T \cdot \Delta S^{\ominus\neq}\right)/R \cdot T\right)$$
$$= \frac{k^* \cdot T}{h} \cdot \exp\left(\Delta S^{\ominus\neq}/R\right) \exp\left(-\Delta H^{\ominus\neq}/R \cdot T\right)$$

$\Delta H^{\ominus\neq}$ Aktivierungsenthalpie unter Standardbedingungen
$\Delta S^{\ominus\neq}$ Aktivierungsentropie unter Standardbedingungen
R allgemeine Gaskonstante
T absolute Temperatur
k^* BOLTZMANN-Konstante
h PLANCK-Konstante

Dieser Ausdruck hat die gleiche Form wie die ARRHENIUS-Gleichung. Daher kann die **Aktivierungsenthalpie $\Delta H^{\neq}$** mit der Aktivierungsenergie E_a und die **Aktivierungsentropie $\Delta S^{\neq}$** mit dem präexponentiellen Faktor (bzw. $R \ln A$) gleichgesetzt werden.

G Grenzflächengleichgewichte

G.1 Oberflächenspannung

Oberflächenspannung

$$dA^* = -S \cdot dT - p \cdot dV + \sigma \cdot dA$$

- A^* Freie Energie
- S Entropie
- T absolute Temperatur
- p Druck
- V Volumen
- A Oberfläche
- σ Oberflächenspannung

Die für die Oberflächenbildung benötigte Arbeit ist zur Volumenarbeit zu addieren und trägt daher auch zur Änderung der Freien Energie bei. So nimmt z. B. die Freie Energie ab ($\Delta A < 0$), wenn sich die Oberfläche bei V = konst. und T = konst. verkleinert ($d\sigma < 0$). Aus diesem Grund neigen die Oberflächen immer zur Kontraktion.

Oberflächenarbeit

$$w = \sigma(A_E - A_A) \quad dw = \sigma \cdot dA$$

- σ Oberflächenspannung
- A Oberfläche vor (A) und nach (E) der Oberflächenvergrößerung

Molare Oberflächenspannung

$$\sigma_m = \sigma \cdot V_m^{2/3}$$

σ Oberflächenspannung
V_m molares Volumen

Eötvössche Regel

Bei der kritischen Temperatur T_k verschwinden alle Unterschiede zwischen dem gasförmigen und dem flüssigen Aggregatzustand. Die Eötvössche Regel besagt, dass die Oberflächenspannung mit steigender Temperatur sinkt. Nach einer Näherungsgleichung lässt sich die Oberflächenspannung als Funktion von T / T_k darstellen.

$$\sigma = \sigma_0 (1 - T/T_k)^\alpha$$

σ Oberflächenspannung
σ_0 empirische Konstante
T absolute Temperatur
T_k kritische Temperatur
α empirische Konstante ($\alpha = 1{,}2$ bei Flüssigkeiten mit geringer Assoziation)

Young-Gleichung

$$\sigma_{s/g} - \sigma_{s/l} = \sigma_{l/g} \cdot \cos \alpha$$

$\sigma_{s/g}$ Oberflächenspannung zwischen den Phasen (s und g)
$\sigma_{s/l}$ Oberflächenspannung zwischen den Phasen (s und l)
$\sigma_{l/g}$ Oberflächenspannung zwischen den Phasen (l und g)

Oberflächenspannung von Flüssigkeiten bei 20 °C

	σ in N m^{-1}
Wasser gegen feuchte Luft	$7{,}4 \cdot 10^{-2}$
Benzen (Benzol) gegen Luft	$2{,}9 \cdot 10^{-2}$
Ethanol gegen Alkoholdampf	$2{,}2 \cdot 10^{-2}$
Quecksilber gegen Luft	$50{,}0 \cdot 10^{-2}$
Quecksilber gegen Wasser	$37{,}5 \cdot 10^{-2}$
Seifenlösung gegen Luft	$3{,}0 \cdot 10^{-2}$

Oberflächenspannung nach der Kapillarmethode

$$\sigma = \frac{1}{2} r \cdot h \cdot g \cdot \rho$$

- r Radius der Kapillare
- h Steighöhe
- g Normfallbeschleunigung
- ρ Dichte der Flüssigkeit

Oberflächenspannung nach der Lamellenmethode

$$\sigma = \frac{F}{2l}$$

- F Kraft zur Bildung bzw. Vergrößerung der Oberfläche
- l Länge der gebildeten Lamelle

LAPLACE-Gleichung

Unter **Blasen** versteht man Gebilde, bei denen Luft und Dampf durch einen dünnen Film voneinander getrennt sind.

Hohlräume sind Löcher in einer Flüssigkeit, die mit Dampf gefüllt sind. Es gelten dieselben Formeln.

$$p_i = p_a + 2\frac{\rho}{r}$$

p_i Druck im Inneren des Hohlraumes
p_a äußerer Druck
σ Oberflächenspannung
r Radius der Kapillare

G.2 Adsorption

Oberflächenkonzentration

$$\Gamma_B = \frac{m_{ad}}{A}$$

Γ_B Oberflächenkonzentration des Adsorbtivs B
m_{ad} adsorbierte Menge B
A Oberfläche des Adsorbers

Bedeckungsgrad

$$\Theta_B = \frac{\Gamma_B}{\Gamma^0} \quad 0 \leq \Theta_B \leq 1$$

Γ_B Oberflächenkonzentration des Adsorbtivs B
Γ^0 Oberflächenkonzentration bei Sättigung (monomolekulare Bedeckung)

Physisorption und Chemisorption

Durch Wechselwirkung zwischen einem Stoff B und der Oberfläche einer kondensierten Phase kommt es zur Adsorption des **Adsorbtivs** B an die Oberfläche des **Adsorbens** A. Es ist üblich, von **Chemisorption** zu sprechen, wenn die Bindungsenergie Werte in der Größenordnung von Bindungen in Molekülen hat (100...800 kJ mol^{-1}), und von **Physisorption**, wenn sie wesentlich kleiner ist.

Adsorptionsenthalpien der Chemisorption, $-\Delta_{ads}H_m^\ominus$ in kJ mol^{-1}

Ad-sorbat	Adsorbens (Substrat)											
	Ti	Ta	Nb	W	Cr	Mo	Mn	Fe	Co	Ni	Rh	Pt
H_2		188		188	167	71	134			117		
N_2		586						293				
O_2						720					494	293
CO	640							192	176			
CO_2	682	703	552	456	339	372	222	225	146	184		
NH_3				301				188	155			
C_2H_4		577		427	427			285		243	209	

Adsorptionsenthalpien der Physisorption, $-\Delta_{ads}H_m^\ominus$ in kJ mol^{-1}

H_2	84	CO	25	CH_4	21
N_2	21	CO_2	25	C_2H_2	38
O_2	21	H_2O	57	C_2H_4	34
Cl_2	36	NH_3	38		

Adsorptionsisothermen

Bei Adsorption eines Gases hängt m_{ad} vom Partialdruck $p(B)$ und bei der Adsorption eines gelösten Stoffes von der Konzentration $c(B)$ ab. Die Abhängigkeit der Oberflächenkonzentration oder des Bedeckungsgrades von der Temperatur nennt man Adsorptionsisothermen.

FREUNDLICH-Isotherme

$$a(B) = k \cdot c^*(B)^{1/\beta} \quad a(B) = k \cdot p^*(B)^{1/\beta}$$

$a(B)$ adsorbierte Menge des Adsorbtivs B pro 1 Gramm
k, β temperaturabhängige Konstanten
$c^*(B)$ Stoffmengenkonzentration von B bezogen auf die Standardkonzentration ($c^\ominus = 1$ mol l^{-1})
$p^*(B)$ Partialdruck von B bezogen auf den Standarddruck ($p^\ominus = 100$ kPa)

LANGMUIR-Isotherme

$$a(B) = a_\infty(B) \frac{c(B)}{b + c(B)} \quad a(B) = a_\infty(B) \frac{p(B)}{b + p(B)}$$

$a(B)$ adsorbierte Menge von B pro Gramm Adsorbens
$a_\infty(B)$ adsorbierte Menge von B bei monom. Bedeckung
b Konstante
$c(B)$ Stoffmengenkonzentration von B
$p(B)$ Partialdruck von B

BET-Isotherme

$$\frac{p}{V(p_{ads} - p)} = \frac{1}{C \cdot V_{mono}} + \frac{C-1}{C \cdot V_{mono}} \cdot \frac{p}{p_{ads}}$$

p Partialdruck
p_{ads} Dampfdruck des adsorbierten Gases beim Sättigungsdampfdruck der Flüssigkeit
V Gasvolumen

V_{mono} Volumen einer monomolekularen Schicht

C Konstante (1. Näherung) $= \dfrac{\Delta_{ads}H_m - \Delta_K H_m}{R \cdot T}$

$\Delta_{ads}H_m$ molare Adsorptionsenthalpie
$\Delta_K H_m$ molare Kondensationsenthalpie
R allgemeine Gaskonstante
T absolute Temperatur

Flächenbedarf eines adsorbierten Moleküls

$$\text{einzeln, kugelförmig:} \quad A = \pi \cdot r_M^2 = 1{,}21 \left(\dfrac{V_m}{N_A}\right)^{2/3}$$

$$\text{dichte Kugelpackung:} \quad A = 3{,}46 \cdot r_M^2 = 1{,}33 \left(\dfrac{V_m}{N_A}\right)^{2/3}$$

r_M Radius eines Moleküls
V_m molares Volumen
N_A AVOGADRO-Konstante

Temperaturabhängigkeit des Adsorptionsgleichgewichts

$$\left(\dfrac{\partial \ln p}{\partial T}\right)_a = -\dfrac{\Delta_{ads}H_m}{R \cdot T^2} = \dfrac{\Delta_{des}H_m}{R \cdot T^2}$$

$\Delta_{ads}H_m$ molare Adsorptionsenthalpie
$\Delta_{des}H_m$ molare Desorptionsenthalpie
R allgemeine Gaskonstante
T absolute Temperatur
p Druck

G.3 Viskosität

NEWTONsche Gleichung

$$F = \eta \cdot A \frac{dv}{dx}$$

- F Kraft
- A Querschnittsfläche
- η Konstante (dynamische Viskosität)
- dv/dx Geschwindigkeitsgefälle in x-Richtung

Die SI-Einheit für die dynamische Viskosität wird mit Pa s = N s m^{-2} = kg m^{-1} s^{-1} angegeben. Als SI-fremde Einheit wird das Poise (P) verwendet, definiert durch die Beziehung: P $\equiv$ 0,1 Pa s.

Bestimmung der Viskosität (Kapillarmethode)

$$\eta_2 = \frac{\eta_1 \cdot \rho_2 \cdot t_2}{\rho_1 \cdot t_1}$$

- η_2 dynamische Viskosität der Prüfsubstanz
- η_1 dynamische Viskosität von Wasser
- ρ_2 Dichte der Prüfsubstanz
- ρ_1 Dichte von Wasser
- t_2 Auslaufzeit der Prüfsubstanz
- t_1 Auslaufzeit von Wasser

Die Messung der Viskosität mit dem OSTWALD-Viskosimeter beruht darauf, dass die zu bestimmende Flüssigkeit durch eine Kapillare ausfließt. Die Auslaufgeschwindigkeit wird außer von der Viskosität auch von der Dichte der Flüssigkeit beeinflusst. Mit dem OSTWALD-Viskosimeter werden in der Praxis Vergleichsmessungen durchgeführt.

HÖPPLER-Viskosimeter

Das HÖPPLER-Viskosimeter besteht aus einem leicht geneigten Fallrohr. Je nach Zähigkeit der zu bestimmenden Flüssigkeit lässt man Stahl- oder Glaskugeln verschiedener Durchmesser durch die im Fallrohr befindliche Flüssigkeit fallen.

$$\eta = K \cdot t(\rho_K - \rho_{Fl})$$

η dynamische Viskosität
K Kugelkonstante
t Fallzeit der Kugel
ρ Dichte der Kugel (K) und der Flüssigkeit (Fl)

Fluidität

$$\varphi = \frac{1}{\eta}$$

η dynamische Viskosität

Kinematische Viskosität

$$\nu = \frac{\eta}{\rho}$$

η dynamische Viskosität
ρ Dichte

Relative Viskosität

$$\eta_r = \frac{\eta_{Lsg}}{\eta_{Lsgm}}$$

η dynamische Viskosität der Lösung
η_{Lsgm} dynamische Viskosität des Lösungsmittels

Viskosität einiger Flüssigkeiten bei 20 °C

Substanz	η in Pa s
Methanol, CH_3OH	$5{,}4 \cdot 10^{-4}$
Ethanol, C_2H_5OH	$12 \cdot 10^{-4}$
Schwefelkohlenstoff, CS_2	$3{,}7 \cdot 10^{-4}$
Chloroform, $CHCl_3$	$5{,}6 \cdot 10^{-4}$
Tetrachlorkohlenstoff, CCl_4	$9{,}7 \cdot 10^{-4}$
Benzen, C_6H_6	$6{,}5 \cdot 10^{-4}$
Chlorbenzen, C_6H_5Cl	$8{,}0 \cdot 10^{-4}$
Nitrobenzen, $C_6H_5NO_2$	$20{,}1 \cdot 10^{-4}$
Schwefelsäure, H_2SO_4	$2{,}2 \cdot 10^{-2}$
Glycerin, $C_3H_8O_3$	$1{,}07$
Wasser, H_2O 0 °C	$17{,}9 \cdot 10^{-4}$
10 °C	$13{,}1 \cdot 10^{-4}$
20 °C	$10{,}0 \cdot 10^{-4}$
50 °C	$5{,}5 \cdot 10^{-4}$
100 °C	$2{,}8 \cdot 10^{-4}$

Viskosität kolloider Dispersionen

Sphärokolloide	Linearkolloide
$\dfrac{\eta_{Sp}}{c} = K$	$\dfrac{\eta_{Sp}}{c} = K \cdot M$

η_{Sp} spezifische Viskosität
c Stoffmengenkonzentration
K Konstante
M molare Masse

Konzentrationsabhängigkeit der relativen Viskosität

$$\ln \eta_r = K \cdot c$$

K Konstante
c Stoffmengenkonzentration

Spezifische Viskosität

$$\eta_{Sp} = \frac{\eta_{Lsg} - \eta_{Lsgm}}{\eta_{Lsgm}} = \eta_r - 1$$

η_{Lsg}, η_{Lsgm} dyn. Viskosität von Lösung bzw. Lösungsmittel
η_r relative Viskosität

Grenzflächenviskosität

$$[\eta] = \lim_{c \to 0} \frac{\eta_{Sp}}{c} = K' \cdot M$$

η_{Sp} spezifische Viskosität
c Stoffmengenkonzentration
K' Konstante
M molare Masse

FIKENTSCHER-Gleichung

$$\lg \eta_r = \left(\frac{75 K^2}{1 + 1{,}5 K \cdot c} + K \right) 8c$$

η_r spezifische Viskosität
K Konstante
c Stoffmengenkonzentration

G.4 Diffusion

1. Ficksches Gesetz

$$J_x = -D \cdot A \frac{dc}{dx}$$

J_x Diffusionsfluss als Stoffmenge pro Zeiteinheit
D Diffusionskoeffizient
A Querschnittsfläche
dc/dx Konzentrationsgefälle in x-Richtung

Stokes-Einstein-Beziehung

$$D = \frac{k \cdot T}{f} = \frac{k \cdot T}{6\pi \cdot \eta \cdot r}$$

D Diffusionskoeffizient
k Boltzmann-Konstante
T absolute Temperatur
f Reibungskoeffizient
η dynamische Viskosität
r hydrodyn. Radius eines kugelförmigen Teilchens

Einstein-Beziehung

$$D = \frac{u \cdot k \cdot T}{e \cdot z} = \frac{u \cdot R \cdot T}{z \cdot F}$$

D Diffusionskoeffizient eines Ions
u Beweglichkeit eines Ions

k	BOLTZMANN-Konstante
e	Elementarladung
z	Äquivalentzahl (Wertigkeit des Ions)
R	allgemeine Gaskonstante
T	absolute Temperatur
F	FARADAY-Konstante

NERNST-EINSTEIN-Beziehung

$$\lambda = D \cdot \frac{z^2 \cdot F^2}{R \cdot T}$$

λ	Leitfähigkeit eines Ions
D	Diffusionskoeffizient eines Ions
z	Äquivalentzahl (Wertigkeit des Ions)
F	FARADAY-Konstante
R	allgemeine Gaskonstante
T	absolute Temperatur

Diffusionskoeffizienten bei Standardbedingungen in $cm^2\ s^{-1}$

Glycin in Wasser	$1{,}06 \cdot 10^{-5}$	H_2O in Wasser	$2{,}26 \cdot 10^{-5}$
Glucose in Wasser	$6{,}73 \cdot 10^{-6}$	CH_3OH in Wasser	$1{,}58 \cdot 10^{-5}$
Saccharose in Wasser	$5{,}21 \cdot 10^{-6}$	C_2H_5OH in Wasser	$1{,}24 \cdot 10^{-5}$

Ionen in Wasser

H^+	$9{,}31 \cdot 10^{-5}$	Li^+	$1{,}03 \cdot 10^{-5}$	Na^+	$1{,}33 \cdot 10^{-5}$	K^+	$1{,}96 \cdot 10^{-5}$
OH^-	$5{,}30 \cdot 10^{-5}$	F^-	$1{,}46 \cdot 10^{-5}$	Cl^-	$2{,}03 \cdot 10^{-5}$	Br^-	$2{,}08 \cdot 10^{-5}$

Die Diffusionskoeffizienten können bei gegebener Temperatur in erster Näherung als konstant angenommen werden.

Temperaturabhängigkeit des Diffusionskoeffizienten

$$D = D^{\ominus} \cdot \exp(E_a / R \cdot T)$$

$D^{\ominus}$ Diffusionskoeffizient unter Standardbedingungen
E_a Aktivierungsenergie
R allgemeine Gaskonstante
T absolute Temperatur

NERNST-NOYES-WHITNEY-Gleichung

$$\frac{dc}{dt} = \frac{D \cdot A}{d \cdot V_{Lsg}} (c_S - c)$$

dc/dt Auflösungsgeschwindigkeit von Salzen
D Diffusionskoeffizient
A Querschnittsfläche
V_{Lsg} Volumen der Lösung
d Dicke der Diffusionsschicht
c_S Sättigungskonzentration
c Stoffmengenkonzentration

2. FICKsches Gesetz

$$\frac{\partial c}{\partial t} = D \left(\frac{\partial^2 c}{\partial x^2} \right)$$

c Stoffmengenkonzentration
t Zeit
D Diffusionskoeffizient
x Ortskoordinate

N Nomenklatur und Systematik

N.1 Nomenklatur anorganischer Verbindungen

Säuren der Halogene und deren Salze

Säure Formel	Name	Salze Formel*	Name
HF	Hydrogenfluorid (Flusssäure)	MF	Fluoride
HCl	Hydrogenchlorid (Salzsäure)	MCl	Chloride
HClO	Hypochlorige Säure	MClO	Hypochlorite
$HClO_2$	Chlorige Säure	$MClO_2$	Chlorite
$HClO_3$	Chlorsäure	$MClO_3$	Chlorate
$HClO_4$	Perchlorsäure	$MClO_4$	Perchlorate
HBr	Hydrogenbromid	MBr	Bromide
HBrO	Hypobromige Säure	MBrO	Hypobromite
$HBrO_2$	Bromige Säure	$MBrO_2$	Bromite
$HBrO_3$	Bromsäure	$MBrO_3$	Bromate
$HBrO_4$	Perbromsäure	$MBrO_4$	Perbromate
HI	Hydrogeniodid	MI	Iodide

* M = einwertiges Metall

Säuren des Schwefels und deren Salze

Säure Formel	Name	Salze Formel*	Name
H_2S	Hydrogensulfid	M_2S	Sulfide
H_2SO_2	Sulfoxylsäure	M_2SO_2	Sulfoxylate
H_2SO_3	Schweflige Säure	M_2SO_3	Sulfite

Säure Formel	Name	Salze Formel*	Name
H_2SO_4	Schwefelsäure	M_2SO_4	Sulfate
H_2SO_5	Peroxoschwefelsäure	M_2SO_5	Peroxosulfate
$H_2S_2O_3$	Thioschwefelsäure	$M_2S_2O_3$	Thiosulfate
$H_2S_2O_4$	Dithionige Säure	$M_2S_2O_4$	Dithionite
$H_2S_2O_5$	Dischweflige Säure	$M_2S_2O_5$	Disulfite
$H_2S_2O_6$	Dithionsäure	$M_2S_2O_6$	Dithionate
$H_2S_2O_7$	Dischwefelsäure	$M_2S_2O_7$	Disulfate
$H_2S_2O_8$	Peroxoschwefelsäure	$M_2S_2O_8$	Peroxodisulfate

* M = einwertiges Metall

Säuren des Stickstoffs und deren Salze

Säure Formel	Name	Salze Formel*	Name
HNO	Hyposalpetrige Säure		
HNO_2	Salpetrige Säure	MNO_2	Nitrite
HNO_3	Salpetersäure	MNO_3	Nitrate
HNO_4	Peroxosalpetersäure		
HN_3	Stickstoffwasserstoffsäure	MN_3	Azide

* M = einwertiges Metall

Säuren des Phosphors und deren Salze

Säure Formel	Name	Salze Formel*	Name
H_3PO_2	Phosphinsäure	MH_2PO_2	Phosphinate
H_3PO_3	Phosphonsäure	MH_2PO_3	prim. Phosphonate
		M_2HPO_3	sek. Phosphonate
H_3PO_4	Phosphorsäure	MH_2PO_4	Dihydrogenphosphate
		M_2HPO_4	Hydrogenphosphate
		M_3PO_4	Phosphate
H_3PO_5	Peroxophosphorsäure	M_3PO_5	Peroxophosphate
$H_4P_2O_4$	Hypodiphosphonsäure	$M_2H_2P_2O_4$	Hypodiphosphonate

Säure Formel	Name	Salze Formel*	Name
$H_4P_2O_5$	Diphosphonsäure	$M_2H_2P_2O_5$	Diphosphonate
$H_4P_2O_6$	Hypodiphosphorsäure	$M_4P_2O_6$	Hypodiphosphate
$H_4P_2O_7$	Diphosphorsäure	$M_4P_2O_7$	Diphosphate
$H_4P_2O_8$	Peroxodiphosphorsäure	$M_4P_2O_8$	Peroxodiphosphate

* M = einwertiges Metall

Namen von Ionen und Radikalen

Atom oder Gruppe	ungeladen als Atom, Molekül oder Radikal	als Kation oder kationisches Radikal	als Anion	als Substituent in einer organ. Verbindung
H	Wasserstoff	Hydrogen	Hydrid	
F	Fluor	Fluor	Fluorid	Fluor
Cl	Chlor	Chlor	Chlorid	Chlor
ClO		Chlorosyl	Hypochlorit	Chlorosyl
ClO_2	Chlordioxid	Chloryl	Chlorit	Chloryl
ClO_3		Perchloryl	Chlorat	Perchloryl
ClO_4			Perchlorat	
Br	Brom	Brom	Bromid	Brom
I	Iod	Iod	Iodid	Iod
O	Sauerstoff		Oxid	Oxo, Oxy
O_2	Disauerstoff	Disauerstoff	Peroxid (O_2^{2-}) Hyperoxid (O_2^{1-})	Dioxy
O_3	Trisauerstoff		Ozonid	Trioxy
H_2O	Wasser			Oxonio (H_2O^+)
H_3O		Oxonium		
OH	Hydroxyl		Hydroxid	Hydroxy
HO_2	Perhydroxyl		Hydrogenperhydroxid	Hydroperoxy
S	Schwefel		Sulfid	Thio (-S-) Sulfido (-S⁻) Thioxo (= S)

Atom oder Gruppe	ungeladen als Atom, Molekül oder Radikal	als Kation oder kationisches Radikal	als Anion	als Substituent in einer organ. Verbindung
HS	Sulfhydryl		Hydrodensulfid	Mercapto, Thiol
S_2	Dischwefel	Dischwefel	Disulfid	Dithio (-S-S-)
SO	Schwefelmonoxid	Sulfinyl (Thionyl)		Sulfinyl
SO_2	Schwefeldioxid	Sulfonyl	Sulfoxylat	Sulfonyl
SO_3	Schwefeltrioxid		Sulfit	Sulfonato (-SO_3-)
HSO_3			Hydrogensulfit	Sulfo (-SO_2OH)
SO_4			Sulfat	Sulfonyldioxy (-O-SO_2-O-)
N	Stickstoff		Nitrid	Nitrilo (N≡)
N_2	Distickstoff	Distickstoff (N_2^+)		Azo (-N=N-) Diazo (=N_2)
N_3			Azid	Azido
NH	Aminylen	Aminylen	Imid	Imino
NH_2	Aminyl	Aminyl	Amid	Amino
NH_3	Ammoniak			Ammonio (-NH_3^+)
NH_4		Ammonium		
NO	Stickstoffoxid	Nitrosyl		
NO_2	Stickstoffdioxid	Nitryl	Nitrit	Nitro (-NO_2) Nitrosooxy (-ON=O)
NO_3			Nitrat	
P	Phosphor		Phosphid	Phosphin-triyl
H_2P			Dihydrogenphosphid	Phosphino
PH_3	Phosphin		Phosphin	Phosphonio (-PH_3^+)
PH_4		Phosphonium		

Nomenklatur anorganischer Verbindungen

Atom oder Gruppe	ungeladen als Atom, Molekül oder Radikal	als Kation oder kationisches Radikal	als Anion	als Substituent in einer organ. Verbindung
CO	Kohlenstoffmonoxid	Carbonyl		Carbonyl
CS		Thiocarbonyl		Thiocarbonyl
COOH	Carboxyl			Carboxy
CO_2	Kohlenstoffdioxid			Carboxylato
CS_2	Kohlenstoffdisulfid			Dithiocarboxylato
CH_3O	Methoxyl		Methoxid (Methanolat)	Methoxy
C_2H_5O	Ethoxyl		Ethoxid	Ethoxy
CH_3S	Methylsulfonyl		Methanthiolat	Methylthio
CN		Cyan	Cyanid	Cyan (-CN) Isocyan (-NC)
OCN			Cyanat	Cyanto (-OCN) Isocyanto (-NCO)
SCN		Thiocyan	Thiocyanat	Thiocyanato (-SCN) Isothiocyanato (-NCS)
CO_3			Carbonat	Carbonyldioxy (-O-CO-C)
HCO_3			Hydrogencarbonat	
CH_3CO	Acetyl	Acetyl		Acetyl
CH_3CO_2		Acetoxyl	Acetat	Acetoxy

N.2 Systematik organischer Verbindungen

Grundregeln zur Benennung

Jede organische Verbindung ist aus einem **Grundgerüst (Stammsystem)** aufgebaut, dessen H-Atome durch einen oder mehrere **Substituenten** ersetzt sind. Das Grundgerüst liefert den Hauptbestandteil des systematischen Namens und ist vom Namen des zugrunde gelegten Kohlenwasserstoffs abgeleitet. Die Namen der Substituenten werden unter Berücksichtigung bestimmter **Prioritätsregeln** als Präfixe oder Suffixe dem Namen des Stammsystems hinzugefügt.

Stammsysteme organischer Verbindungen

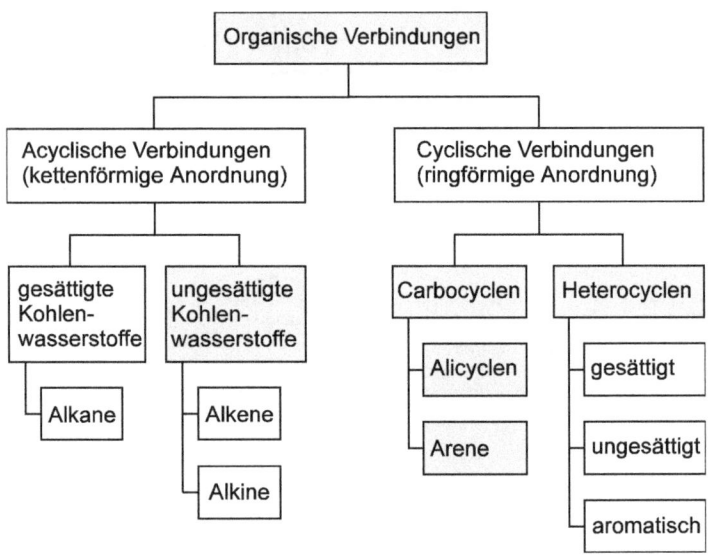

Systematik organischer Verbindungen

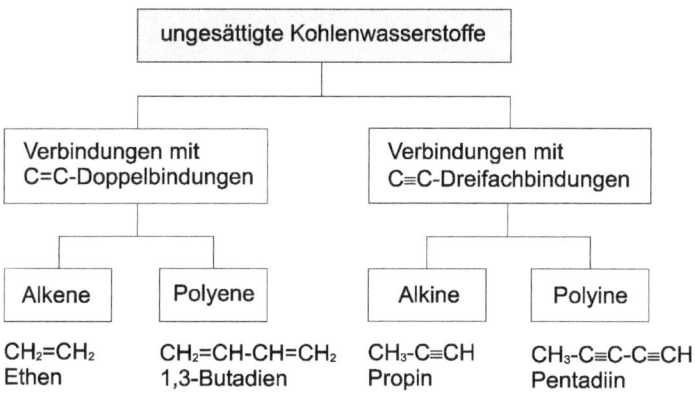

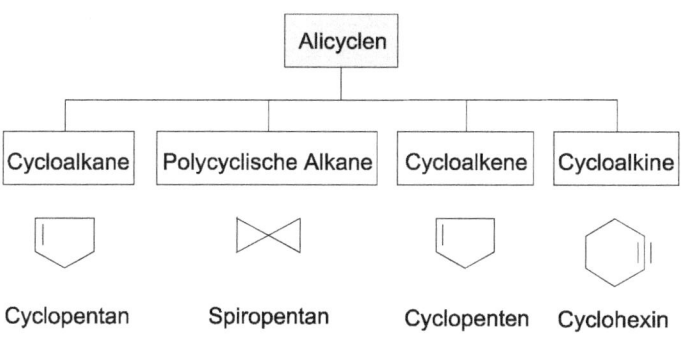

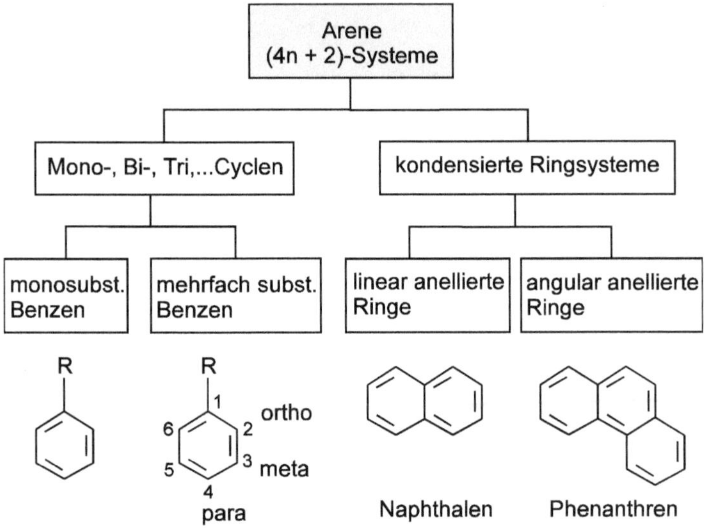

Arene (4n + 2)-Systeme

Mono-, Bi-, Tri,...Cyclen

- **monosubst. Benzen**
- **mehrfach subst. Benzen**
  - 1 ortho
  - 2 meta (3)
  - 4 para

kondensierte Ringsysteme

- **linear anellierte Ringe** — Naphthalen
- **angular anellierte Ringe** — Phenanthren

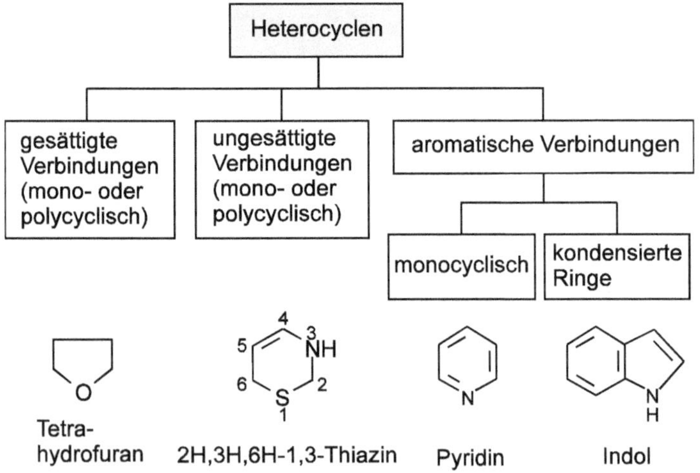

Heterocyclen

- **gesättigte Verbindungen (mono- oder polycyclisch)** — Tetrahydrofuran
- **ungesättigte Verbindungen (mono- oder polycyclisch)** — 2H,3H,6H-1,3-Thiazin
- **aromatische Verbindungen**
  - **monocyclisch** — Pyridin
  - **kondensierte Ringe** — Indol

Alkane

Gesättigte aliphatische Kohlenwasserstoffe, die nur Einfachbindungen enthalten, werden Alkane oder Paraffine genannt. Sie sind durch das Suffix **-an** gekennzeichnet und bilden die homologe Reihe $\mathbf{C_nH_{2n+2}}$ mit $n = 1, 2, 3, ...$

Systematischer Name	Summenformel	Konstitutionsformel
Methan	CH_4	CH_3-H
Ethan	C_2H_6	CH_3-CH_3
Propan	C_3H_8	CH_3-CH_2-CH_3
Butan	C_4H_{10}	CH_3-$(CH_2)_2$-CH_3
Pentan	C_5H_{12}	CH_3-$(CH_2)_3$-CH_3
Hexan	C_6H_{14}	CH_3-$(CH_2)_4$-CH_3
Heptan	C_7H_{16}	CH_3-$(CH_2)_5$-CH_3
Octan	C_8H_{18}	CH_3-$(CH_2)_6$-CH_3
Nonan	C_9H_{20}	CH_3-$(CH_2)_7$-CH_3

Die ersten vier tragen Trivialnamen; ab $n = 5$ werden die Alkane systematisch durch lat. oder griech. Zahlwörter benannt. Kohlenwasserstoffe mit einer größeren Anzahl von C-Atomen werden durch Kombination der Zahlwerte der ersten Dekade mit der Bezeichnung für die folgende Dekade benannt, z. B. Pentadecan, Octatricontan.

$n = 1$	Hen ...	$n = 10$	Decan
$n = 2$	Do ...	$n = 20$	Eicosan
$n = 3$	Tri ...	$n = 30$	Triacontan
$n = 4$	Tetra ...	$n = 40$	Tetracontan
$n = 5$	Penta ...	$n = 50$	Pentacontan
$n = 6$	Hexa ...	$n = 60$	Hexacontan
$n = 7$	Hepta ...	$n = 70$	Heptacontan
$n = 8$	Octa ...	$n = 80$	Octacontan
$n = 9$	Nona ...	$n = 90$	Nonacontan
		$n = 100$	Hectan

Ausnahmen: Undecan ($n = 11$), Heneicosan ($n = 21$)

Die entsprechenden **Alkyle** (Radikale) bilden die homologe Reihe C_nH_{2n+1} mit $n = 1, 2, 3, ...$ und tragen anstelle der Nachsilbe -an das Suffix **-yl**. Zur Kennzeichnung der Position von Mehrfachbindungen oder Substituenten werden die C-Atome eines Moleküls fortlaufend nummeriert. Die Bezifferung sollte so erfolgen, dass die Radikalstellen die Ziffer 1 und die Mehrfachbindungen möglichst niedrige Ziffern erhalten. Die Ziffer des C-Atoms, über das der Substituent verbunden ist, wird dem Namen des Substituenten als Präfix vorangestellt. Bei mehreren gleichen Substituenten werden diese durch multiplizierende Präfixe wie **di-, tri-, tetra-** usw. angegeben. Mehrere unterschiedliche Substituenten werden im Namen alphabetisch geordnet.

$$\text{Beispiel: } \underset{8}{CH_3}-\underset{7}{CH_2}-\underset{6}{CH_2}-\underset{5}{\underset{|}{\overset{C_2H_5}{CH}}}-\underset{4}{CH_2}-\underset{3}{\underset{|}{\overset{CH_3}{\underset{CH_3}{C}}}}-\underset{2}{CH_2}-\underset{1}{CH_3}$$

Position der Substituenten ↙ ↓ ↘   Stammsystem (8 C-Atome) ↓

5-Ethyl-3,3-dimethyloctan

↗ ↖
Substituent   Vorsilbe für die Anzahl gleicher Substituenten

Alkene

Alkene sind ungesättigte acyclische Kohlenwasserstoffe mit einer oder mehreren Doppelbindungen. Ihr Name wird aus den entsprechenden Alkanen durch Ersetzen der Nachsilbe -an durch **-en** gebildet. Die Namensgebung von einwertigen Alkylen erfolgt durch das Anhängen des Suffixes **-yl**. Die Position der Doppelbindung wird durch die vorangestellte Nummer des entsprechenden C-Atoms gekennzeichnet. Die Nummerierung sollte so erfolgen, dass die Doppelbindungen möglichst niedrige Ziffern erhalten.

Beispiel: $\overset{5}{C}H_3 - \overset{4}{C}H = \overset{3}{C}H - \overset{2}{C}H = \overset{1}{C}H_2$

1,3-Pentadien

- Position der Mehrfachbindungen → 1,3-
- Vorsilbe für zwei Mehrfachbindungen → di
- Stammsystem (5 C-Atome) → Pent
- Doppelbindung → en

Alkine
Ungesättigte acyclische Kohlenwasserstoffe mit einer oder mehreren Dreifachbindungen werden Alkine genannt. Die Namensgebung erfolgt in Anlehnung an die Alkane durch Ersetzen der Endung -an durch **-in**. Auch die Benennung der Alkyle erfolgt wie bei den Alkanen.

Verzweigte Kohlenwasserstoffe
Zur Festlegung und Benennung des Grundgerüstes von acyclischen verzweigten Kohlenwasserstoffen, denen Alkylgruppen als Substituenten zugeordnet werden, gelten folgende **Prioritätsregeln**:

(1) maximale Anzahl von Mehrfachbindungen
(2) längste Kohlenstoffkette
(3) Kette mit max. Anzahl von C=C-Doppelbindungen
(4) Kette mit den meisten Alkylgruppen als Seitenketten

Bei den verzweigten Seitenketten gilt außerdem:
(a) Die Seitenkette wird über ihre Position 1 mit der Hauptkette verknüpft.
(b) Die alphabetische Reihenfolge wird durch den ersten Buchstaben der komplett substituierten Seitengruppe bestimmt.

(c) Bleibt eine Wahlmöglichkeit, so hat jeder Substituent mit der kleinsten Ziffer den Vorrang innerhalb des Substituenten.

Beispiel:

$$\overset{12}{C}H_3-(CH_2)_4-\overset{7}{C}H-\overset{6}{C}H_2-\overset{5}{C}H-\overset{4}{C}H_2-\overset{3}{C}H_2-\overset{2}{C}H_2-\overset{1}{C}H_3$$

mit Seitenketten:
- am C5: $CH_2-CH_2-CH_3$
- am C7: $CH_3-CH-CH-CH_2-CH_3$ mit CH_3 am zweiten C

7-(1,2-Dimethylbuthyl)-5-propyl-dodecan

- zweifach identisch verzweigte Seitenkette (Substituent)
- unverzweigte Seitenkette (Substituent)
- Stammsystem (12 C-Atome)

Cyclische Kohlenwasserstoffe

Monocyclen tragen das Präfix **Cyclo-** und werden kombiniert mit dem Namen des acyclischen Analogons.

Benzen (Trivialname Benzol) heißt der ungesättigte 6er-Ring mit konjugierten Doppelbindungen.

Polycyclen sind überwiegend ungesättigte Systeme und tragen meistens Trivialnamen.

Die Radikale der cyclischen Kohlenwasserstoffe werden wie die entsprechenden Acyclen durch Suffixe gekennzeichnet.

Einwertige Radikale gesättigter Ringe tragen anstelle der Endung -an das Suffix **-yl**. Ungesättigte Ringe tragen das Suffix **-yl** zusätzlich.

Systematik organischer Verbindungen

Cyclohexan   Cyclohexyl-   1,2-Cyclohexenyl-   Cyclohexyliden-

Zweiwertige Radikale an verschiedenen C-Atomen tragen das Suffix **-ylen** und am gleichen C-Atom das Suffix **-yliden**.

HÜCKEL-Regel

$$(4n + 2) \quad \text{Elektronen}$$

n ganze Zahlen ($n = 0, 1, 2, 3, ...$)

Alle monocyclischen planaren Verbindungen mit vollkonjugierten Polyenen und einer bestimmten Anzahl von π-Elektronen (= 2, 6, 10, 14, ...) haben aromatischen Charakter.

Arene

Zur Bezeichnung der wichtigsten aromatischen Ringsysteme werden ausschließlich **Trivialnamen**, z. B. Benzol (Benzen), Naphthalin (Naphthalen) oder Antrazen verwendet.

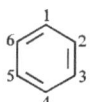 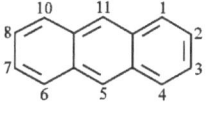

Benzen   Naphthalen   Anthracen

Für die Position von zwei Substituenten am Benzenmolekül gelten auch folgende Bezeichnungen.

Stellung der Substituenten	Bezeichnung
1,2-Benzen	ortho- oder o-
1,3-Benzen	meta- oder m-
1,4-Benzen	para- oder p-

Heterocyclen

Heterocyclische Verbindungen enthalten innerhalb des Kohlenstoffrings ein oder mehrere Fremdatome (Heteroatome). Abgesehen von der Verwendung von Trivialnamen für die Stammverbindung hat sich das Nomenklatursystem von HANTSCH, WIDMAN und PATTERSON durchgesetzt. Hiernach werden **Heteroatome durch Präfixe**, die **Ringgröße und Sättigungsgrad durch Suffixe** zum Ausdruck gebracht.

Präfixe für Heteroatome (fallende Priorität)

O	Ox-	Si	Sila-
S	Thi-	Sn	Stann-
Se	Selen-	Pb	Plumb-
N	Az-	B	Bor-
P	Phosph-	Al	Alumin-
Bi	Bismut-	Hg	Mercur-

Ausnahmen: Heteromonocyclen (> 10 Ringatome), verbrückte und Spiroheterocyclen erhalten ein zusätzliches **a** am Ende des Präfix (Sila- bleibt unverändert).

Bei mehreren gleichen Heteroatomen im selben Ring geht dem Präfix die Bezeichnung Di-, Tri-, Tetra-, ... voraus.

Ringgröße und Sättigungsgrad innerhalb des Ringes kennzeichnen den Heterocyclen und werden dem Namen als Suffix angehängt.

Anzahl der Ringatome	maximal ungesättigt	ungesättigt
3	-iren	-iran
4	-et	-etan
5	-ol	-olan
6	-in	-an
7	-epin	-epan
8	-ocin	-ocan

Die Bezifferung monocyclischer Heterocyclen beginnt beim ranghöchsten Heteroatom; weitere Heteroatome tragen möglichst niedrige Ziffern.

N.3 Substitutive Nomenklatur

In substituierten Systemen benutzt man **funktionelle Gruppen,** um die Moleküle in verschiedene Verbindungsklassen mit charakteristischen Eigenschaften einzuteilen. Sind mehrere Substituenten in einem Molekül vorhanden, so wird die ranghöchste funktionelle Gruppe ermittelt, die restlichen werden in alphabetischer Reihenfolge als Vorsilben hinzugefügt.

Beispiel:

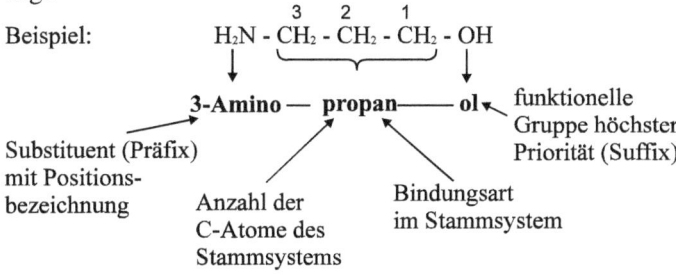

Nomenklatur und Systematik

Funktionelle Gruppen die als Präfixe oder Suffixe auftreten können

Verbindungs-klasse*	Formel	Präfix	Suffix	Beispiel
Carbonsäure	R-C(=O)-OH	Carboxy-	-carbonsäure	Ethancarbonsäure
	R-**C**(=O)-OH		-säure	=Propansäure
Sulfonsäure	R-SO$_3$-H	Sulfo-	-sulfonsäure	Benzolsulfonsäure
Carbonsäuresalze	R-COO$^\ominus$M$^\oplus$	Metall-carboxylato	Metall-...carboxylat	Natriummethancarboxylat
	R-**C**OO$^\ominus$M$^\oplus$		Metall-...oat	=Natriummethanoat
Carbonsäureester	R-C(=O)-OR'	-yloxycarbonyl	-yl..carboxylat	Ethylpropancarboxylat
			-yl...oat	=Ethylbutanoat
Carbonsäurehalogenid	R-C(=O)-X	Halogenformyl-	-carbonsäurehalogenid	Essigsäurechlorid
	R-**C**(=O)-X		-oylhalogenid	Ethanoylchlorid
Amide	R-C(=O)-NH$_2$	Carbamoyl	-carboxyamid	Essigsäureamid
	R-**C**(=O)-NH$_2$		-amid	
Nitrile	R-C≡N	Cyan	-carbonitril	Cyanwasserstoff
	R-**C**≡N		-nitril	Acetonitril
Aldehyd	R-CHO	Formyl-	-carbaldehyd	Methancarbaldehyd
	R-**C**HO	Oxo-	-al	
Keton	R-CO-R	Oxo-	-on	Propanon
Alkohol, Phenol und Salze	R-OH	Hydroxy-	-ol	Ethanol
	R-O$^\ominus$M$^\oplus$		-olat	Natriumethanolat

Verbindungsklasse*	Formel	Präfix	Suffix	Beispiel
Thiol	R-SH	Mercapto-	-thiol	Ethanthiol
Amin	R-NH$_2$	Amino-	-amin	Ethylamin
Imin	R-NH-R'	Imino-	-imin	

* Die Verbindungsklassen sind nach absteigender Priorität geordnet.

N.4 Verzeichnis der Elemente

Symbol	Element*	Z	Relative Atommasse**	Anmerkungen
Ac	Actinium*	89	227,028	bE, s
Ag	Silber	47	107,868	bE, s
Al	Aluminium	13	26,9815	aE, s, R
Am	Americium*	95	[243]	bE, s
Ar	Argon	18	39,948	g
As	Arsen	33	74,9216	aE, s, R
At	Astat*	85	[210]	sE, s
Au	Gold	79	196,966	bE, s, R
B	Bor	5	10,81	sE, s
Ba	Barium	56	137,33	bE, s
Be	Beryllium	4	9,012	aE, s
Bh	Bohrium*	107	[264]	aE, s
Bi	Bismut	83	208,98	bE, s, R
Bk	Berkelium*	97	[247]	bE, s
Br	Brom	35	79,904	sE, l
C	Kohlenstoff	6	12,011	sE, s
Ca	Calcium	20	40,08	bE, s
Cd	Cadmium	48	112,41	bE, s
Ce	Cer	58	140,12	bE, s
Cf	Californium	98	[250]	bE, s
Cl	Chlor	17	35,453	sE , g
Cm	Curium*	96	[245]	bE, s
Co	Cobalt	27	58,9332	aE,s, R
Cr	Chrom	24	51,996	aE, s

Symbol	Element*	Z	Relative Atommasse**	Anmerkungen
Cs	Caesium	55	132,9054	bE, s, R
Cu	Kupfer	29	63,546	bE, s
Db	Dubnium*	105	[262]	aE, s
Ds	Darmstadtium*	110	[281]	
Dy	Dysprosium	66	162, 5	bE, s
Er	Erbium	68	167,26	bE, s
Es	Einsteinium*	99	[254]	bE, s
Eu	Europium	63	151,96	bE, s
F	Fluor	9	18,9984	sE, g, R
Fe	Eisen	26	55,847	aE, s
Fm	Fermium*	100	[255]	bE, s
Fr	Francium*	87	[223]	bE, s
Ga	Gallium	31	69,72	aE, s
Gd	Gadolinium	64	157,25	bE, s
Ge	Germanium	32	72,59	aE, s
H	Wasserstoff	1	1,0079	g
He	Helium	2	4,0026	g
Hf	Hafnium	72	178,49	aE, s
Hg	Quecksilber	80	200,59	bE, l
Ho	Holmium	67	164,9304	bE, s, R
Hs	Hassium*	108	[265]	aE, s
I	Iod	53	126,9045	sE, s, R
In	Indium	48	114,82	aE, s
Ir	Iridium	77	192,22	bE, s
K	Kalium	19	39,0983	bE, s
Kr	Krypton	36	83,80	g
La	Lanthan	57	138,9055	bE, s
Li	Lithium	3	6,941	bE, s
Lr	Lawrencium*	103	[257]	s
Lu	Lutethium	71	174,967	bE, s
Md	Mendelevium*	101	[255]	bE, s
Mg	Magnesium	12	24,305	bE, s
Mn	Mangan	25	54,9380	aE, s, R
Mo	Molybdän	42	95,94	aE, s

Verzeichnis der Elemente

Symbol	Element*	Z	Relative Atommasse**	Anmerkungen
Mt	Meitnerium*	109	[266]	bE, s
N	Stickstoff	7	14,0067	sE, g
Na	Natrium	11	22,9898	bE, s, R
Nb	Niob	41	92,9064	aE, s, R
Nd	Neodym	60	144,26	bE, s
Ne	Neon	10	20,179	g
Ni	Nickel	28	58,69	bE, s
No	Nobelium*	102	[254]	bE, s
Np	Neptunium*	93	237,048	bE, s
O	Sauerstoff	16	15,9994	sE, s
Os	Osmium	77	190,20	aE, s
P	Phosphor	15	30,9738	sE, s, R
Pa	Protactinium*	91	131,036	bE, s
Pb	Blei	82	207,2	aE, s
Pd	Palladium	46	106,42	bE, s
Pm	Promethium*	61	[145]	bE, s
Po	Polonium*	84	[209]	aE, s
Pr	Praseodym	59	140,9077	bE, s, R
Pt	Platin	78	195,08	bE, s
Pu	Plutonium*	94	[242]	bE, s
Ra	Radium*	88	226,025	bE, s
Rb	Rubidium	37	85,4678	bE, s
Re	Rhenium	76	186,207	aE, s
Rf	Rutherfordium*	104	[261]	bE, s
Rg	Roentgenium*	111	[280]	
Rh	Rhodium	45	102,9055	bE, s, R
Rn	Radon*	86	[222]	g
Ru	Ruthenium	44	101,07	aE, s
S	Schwefel	16	32,06	sE, s
Sb	Antimon	51	121,75	aE, s
Sc	Scandium	21	44,9559	bE, s, R
Se	Selen	34	78,96	sE, s
Sg	Seaborgium	106	[263]	bE, s
Si	Silicium	14	28,0855	sE, s

Symbol	Element*	Z	Relative Atommasse**	Anmerkungen
Sm	Samarium	62	150,36	bE, s
Sn	Zinn	50	118,69	aE, s
Sr	Strontium	38	87,62	bE, s
Ta	Tantal	73	180,9479	aE, s
Tb	Terbium	65	158,9254	bE, s, R
Tc	Technetium*	43	[98]	aE, s
Te	Tellur	52	127,60	aE, s
Th	Thorium	90	232,038	bE, s
Ti	Titan	22	47,88	aE, s
Tl	Thalium	81	204,383	aE, s
Tm	Thulium	69	168,9342	bE, s, R
U	Uranium*	92	238,029	bE, s
V	Vanadium	23	50,9415	aE, s
W	Wolfram	74	183,85	aE, s
Xe	Xenon	45	132,29	g
Y	Yttrium	39	88,9059	bE, s, R
Yb	Ytterbium	70	173,04	bE, s
Zn	Zink	30	65,38	aE, s
Zr	Zirkonium	40	91,22	aE, s

* Es existieren keine stabilen Nuklide.
** Werte der relativen Atommassen beziehen sich auf radioaktive Elemente, deren Atommassen sich nicht exakt angeben lassen.

Anmerkungen: aE amphotere Elemente
 bE basenbildende Elemente
 sE säurebildende Elemente
 R Reinelemente
 g unter Standardbedingungen gasförmig
 l unter Standardbedingungen flüssig
 s unter Standardbedingungen fest

R Register

A

Abkürzungen 11
Adsorption 140–143
Adsorptionsenthalpien 141
Adsorptionsgleichgewicht, Temperaturabhängigkeit 143
Adsorptionsisothermen 141
Aggregatzustand 46, 68
Aktivierter Komplex 135
Aktivierungsenthalpie 136
Aktivierungsentropie 136
Aktivität 85
Alicyclen 157
Alkane 159
Alkene 160
Alkine 161
Alkyle 160
Ampere, Definition 17
Äquivalentdosis 43
Äquivalentkonzentration 85
Äquivalentleitfähigkeit 110
Äquivalentstoffmenge 83
Arbeit, elektrische 120
Arbeit, mechanische 64
Arene 158, 163
ARRHENIUS-Gleichung 128
ASTON-Regel 25
Atommasse, absolute 23
Atommasse, relative 167–170
Atommassenkonstante 24
Avogadro-Hypothese 50
Avogadro-Konstante 83

B

Basenkonstanten 97
Basiseinheiten 16–18
Basisgrößen 16–18
Bedeckungsgrad 140
BET-Isotherme 142
Bildungs-Enthalpie, Standard- 69, 78
Bildungsentropie, Standard- 76
Bindungsenergie 25
Blasen 139
BOHRsche Frequenzbedingung 30
BOHRsche Quantenbedingung 28
BOHRscher-Elektronenbahnradius 29
BORN-HABER-Kreisprozess 58
BORN-MAYER-Gleichung 59
BOYLE, Gesetz von 49
BRAVAIS-Gitter 57
BRØNSTED, Säure-Base-Begriffe 94–95

C

Candela, Definition 17
Chemisorption 141

D

DALTON, Gesetz von 51
Dampfdruckerniedrigung, relative 105–106
DE-BROGLIE-Beziehung 27
Differentiationsmethode 131
Diffusion 148–150

172 Register

Diffusions(grenz)stromdichte 122
Diffusionskoeffizienten 149
Diffusionskoeffizienten, Temperaturabhängigkeit 150
Diffusionsüberspannung 123
Dissoziationsgrad 99, 112
Dosisleistung 43

E

Einheit 9
EINSTEIN, Lichtelektrische Gleichung 27
EINSTEIN-Beziehung 148–149
Elektrodenpolarisation 122
Elektrodenpotenzial 114
Elektrodenpotenziale, Standard- 115–116
Elektromotorische Kraft 119
Elektronenaffinität 37
Elementarteilchen 23
Elementarzelle 55
Elemente 167–170
endergone Reaktion 81
endotherme Reaktion 68
Energieausbeute 125
Energiedosis 43
Energieniveauschema 35
Enthalpie 67
Enthalpien, Standard- 68
Entropie 71–72
Entropie, absolute 73–74
Entropie, Standard- 78
Entropie, Temperaturabhängigkeit 73
Entropie, Volumenabhängigkeit 73
Entropieänderung (Phasenübergang) 74
Entropieänderung (Umgebung) 72

EÖTVÖSsche Regel 138
exergone Reaktion 81
exotherme Reaktion 68
extensive Größe 61

F

FARADAYsches Gesetz 121
FICKsches Gesetz, 1. 148
FICKsches Gesetz, 2. 150
FIKENTSCHER-Gleichung 147–148
Fluidität 145
Formelmasse 84
Formeln, empirische 89
Formelzeichen 11
Freie Bildungsenthalpie, Standard- 78
Freie Energie 76
Freie Enthalpie 77
Freie Reaktionsenthalpie, Standard- 78
FREUNDLICH-Isotherme 142
funktionelle Gruppen 165

G

Gasgleichung, allgemeine 50
Gaskonstante, allgemeine 63–64
Gasmischung, mittlere Molmasse 52
Gasmischung, Zustandsgleichung 52
GAY-LUSSAC, Gesetz von 49
Gefrierpunktserniedrigung 107
Geschwindigkeitsgesetz 127
Geschwindigkeitskonstante 135
GIBBS-HELMHOLTZ-Gleichung 77
GIBBS-Phasenregel 46–47
Gleichgewichtsbedingung, kinetische 90

Gleichgewichtsbedingung, thermodynamische 91
Gleichgewichtsexponenten 98
Gleichgewichtszustand 90
Grenzflächenviskosität 147
Grenzleitfähigkeit 111
griechisches Alphabet 11
Größe 9
Größengleichung 9
Grundgerüst, organischer Verbindungen 156

H

Halbwertszeit 42, 130–131
Halbwertszeit-Methode 132–133
Halbwertszeit von Nukliden 42
Hauptquantenzahl 32
Hauptsatz, 1. 64
Hauptsatz, 2. 71
HEISENBERG, Unbestimmtheitsrelation 28
HENDERSON-Gleichung 117
HENDERSON-HASSELBALCH-Gleichung 102
HENRY-DALTON-Gesetz 105
HENRY-Konstanten 105
HESS, Satz von 69–70
Heterocyclen 158
heterogene Gemische 47
Hohlräume 140
homogene Systeme 47
HÖPPLER-Viskosimeter 145
HÜCKEL-Regel 163
HUNDsche-Regel 34

I

Integrationsmethode 132
intensive Größe 61
Ionen, Namen von 153
Ionenbeweglichkeit 111–112
Ionendosis 44
Ionenprodukt des Wassers 95
Ionenstärke 87
Ionisierungsenergie 35–36
Isobare 25, 41
Isomere 25
Isotone 25, 41
Isotope 25, 41

K

KAPUSTINSKII-Gleichung 60
Kelvin, Definition 17
Kilogramm, Definition 16
KIRCHHOFFsches Gesetz 70
Klemmenspannung 118
Kohlenwasserstoffe, cyclische 162
Kohlenwasserstoffe, ungesättigte 157
Kohlenwasserstoffe, verzweigte 161
KOHLRAUSCH, Gesetz von 110
kolligative Eigenschaften 106–108
Konstanten, physikalisch-chemische 19
Kristalle, potenzielle Energie 58–59
Kristallsysteme 56
kritische Daten 48

L

LANGMUIR-Isotherme 142
LAPLACE-Gleichung 139–140
LE CHATELIER, Prinzip von 94
Leistung, elektrische 121
Leitfähigkeit, elektrische 109
Leitfähigkeit, molare 109

Leitfähigkeitskoeffizient 112
Leitwert, elektrischer 109
Löslichkeit, molare 104
Löslichkeitsexponent 103
Löslichkeitsprodukt 103–104

M

magnetische Quantenzahl 33
MARIOTTE, Gesetz von 49
Massenanteil 86
Massendefekt 25
Massenkonzentration 84
Massenwirkungsgesetz 91, 92–93
MATTAUCH-Regel 25
Membranpotenzial 117
Metallgitter 57
Meter, Definition 16
Mischelemente 24
Mischungskreuz 88
Mol, Definition 17
Molalität 87
molare Masse 84
molare Masse, Bestimmung 107
Molekularität 127–128

N

Nebenquantenzahl 32
NERNST-EINSTEIN-Beziehung 149
NERNST-Faktor, Temperaturabhängigkeit 116
NERNST-NOYES-WHITNEY-Gleichung 150
NERNSTsches Verteilungsgesetz 104–105
NEWTONsche Gleichung 144
Normalität 85

Nukleonenzahl 22
Nuklid 24
Nuklide 23
Nuklidkarte 40

O

Oberflächenarbeit 137
Oberflächenkonzentration 140
Oberflächenspannung 137–140
Oberflächenspannung, Kapillarmethode 139
Oberflächenspannung, Lamellenmethode 139
Oberflächenspannung, molare 138
osmotischer Druck 108
OSTWALDsches Verdünnungsgesetz 99, 113
OSTWALD-Viskosimeter 144
Oxidationszahl 38

P

PAULI-Prinzip 34
Periodensystem 8, 37–38
Phase 46–47
pH-Wert, Messung 118
pH-Wert, allgemein 95–96
pH-Wert, Berechnung 99–101
Physisorption 141
pK-Wert, Definition 92
PLANCK-Beziehung 26
pOH-Wert 95–96
Potenzial, chemisches 81–82
Prioritätsregeln 161
Prozess, reversibler 65
Prozessgröße 62
Puffersysteme 102

Q

Quantenzahlen 32–33
Quantenzustände 33

R

Radienverhältnis 57
Radikale, Namen von 153
Radioaktivität 41
RAOULTsches Gesetz 106
Reaktion 0. Ordnung 128–129
Reaktion 1. Ordnung 129
Reaktion 2. Ordnung 129–130
Reaktion n. Ordnung 130
Reaktionsenthalpie, Standard- 79
Reaktionsentropie, Standard- 76
Reaktionsgeschwindigkeit 126–127
Reaktionsgleichungen 89
Reaktionsordnung 127, 131
Reaktionsrichtung 80–81
REDLICH-KWONG-Gleichung 55
Reinelemente 24
relative Molekülmasse 84
RYDBERG-Konstante 30

S

Säurekonstanten 97
Säuren der Halogene 151
Säuren des Phosphors 152
Säuren des Schwefels 151
Säuren des Stickstoffs 152
Schmelzenthalpien 74–75
Sekunde, Definition 17
Siedepunktserhöhung 106–107
Spinquantenzahl 33
Stammsystem, organischer Verbindungen 156
Standardbedingungen 50–51, 63, 68
stöchiometrische Berechnungen 88
Stoffausbeute 124
Stoffmenge 83
Stoffmengenanteil 86
Stoffmengenkonzentration 84
STOKES-EINSTEIN-Beziehung 148
Stoßtheorie 134
Stoßzahl 134
Strahlungsarten 39
Stromausbeute 124
subatomare Teilchen 22
Substituenten, organischer Verbindungen 156
Systeme, thermodynamische 61

T

Temperaturskalen 20
TAFEL-Gleichung 123
Teilordnung, Bestimmung 133–134
TROUTONsche Regel 75

U

Überspannung 123
Überführungszahlen, HITTORF 113–114
Umrechnungstabellen 20
Umwandlungsgesetz 42

V

VAN'T HOFF-Gleichung 93
VAN-DER-WAALS-Gleichung 52
VAN-DER-WAALS-Gleichung, kritische Daten 54
VAN-DER-WAALS-Konstanten 53
Verdampfungsenthalpien 74–75
Verschiebungsgesetz 39
Verschiebungsgesetz, 1. 39

Verschiebungsgesetz, 2. 39
Virialgleichung 54
Virialkoeffizient, 2. 55
Viskosität 146
Viskosität kolloider Dispersionen 146
Viskosität, Kapillarmethode 144
Viskosität, kinematische 145
Viskosität, Konzentrationsabhängigkeit 147
Viskosität, relative 145–146
Viskosität, spezifische 147
Volumenänderungsarbeit 65
Volumenanteil 86
Volumenbruch 87
Vorzeichenkonvention 63

Zerfallsreihen, radioaktive 40
Zersetzungsspannung 125
Zustandsänderungen, Definition 62
Zustandsänderungen, irreversible 71
Zustandsänderungen, reversible 71
Zustandsdiagramm 47
Zustandsgrößen 62

W

Wärme 65
Wärmekapazität 66–67
Wasserstoff, Serienspektren 30–31

Y

YOUNG-Gleichung 138

Z

Zahlenwert 9
Zellpolarisation 124
Zellreaktion, elektrische Arbeit 119
Zellreaktion, Gleichkonstante 119
Zellreaktion, Reaktionsenthalpie 120
Zellreaktion, Reaktionsentropie 120
Zellspannung 125